U0368864

being digital

数字化生存

20周年纪念版

Nicholas Negroponte
[美] 尼古拉·尼葛洛庞帝◎著
胡 泳 范海燕◎译

電子工業出版社
Publishing House of Electronics Industry
北京•BEIJING

献给伊莲

我的数字化生活她整整忍受了 11111 年

《数字化生存》20周年中文纪念版专序

数字化之后
Been Digital

（文/尼葛洛庞帝　译/范海燕）

《数字化生存》写于25年前。人们给予我最多的评论是**你怎么可能预测得这么准？**其实我并没有预测，我只是推断。我把我们在麻省理工学院媒体实验室的实验和发明投射到未来，仅此而已。也就是说，这本书并不是由预言所构成的，但是书中推断的基础——计算机及其外设在速度上的提升以及价格上的下降——是明显可预见的。同样，也可以很容易地推断互联性，这主要是由于无线技术和设备的出现。这些事情出现得或早或晚，但多多少少都有端倪。

四分之一个世纪之后，关于这个新的版本，一个有趣的问题：我有什么地方搞错了吗？

任何关于未来的讨论，无论怎样立足于现实，相较于后见之明，许多细节都是不准确的。大家预计会是如此，这样的情况也多见诸本书。但是，与一个真正的、堪称是我有生以来最大的误判相比，这些只是细枝末节，事实上微不足道。25 年前，我深信互联网将创造一个更加和谐的世界。我相信互联网将促进全球共识，乃至提升世界和平。但是它没有，至少尚未发生。

真实的情况：民族主义甚嚣尘上，管制在升级，贫富鸿沟在加剧。我也曾经期待，中国可以由于其体量、决心和社会主义的优势从而在引领全球互联网方面发挥更好更大的作用。实际情况如何呢？

很简单：全球化变成了本土化，尽管智识的、经济的以及电子的骨干设施都取得了飞速增长，但无所不在的数字化并没有带来世界大同。

在过去的25年中，“本土”并不是由几何结构（比如到地平线的距离）、人口统计学理论（比如人口的数量）抑或是民族疆域来定义的。事实上，世界被分成国家——一个早已过时、但却是构成我们过去和现在地缘政治世界DNA的前数字化时代的概念。大多数国家要么大到无以称其为“本土”，要么小到无以称其为“全球”——体量就是不对。想想看有哪一种分类方法能够涵盖这样的情况：最大的可以有超过10亿的成员（这里指人口），最小的还不到1000。

雪上加霜的是，我们给以国家为中心的结构加入了一层竞争，使“我们”与“他们”的概念变得更加不幸。

可以这样来看，文化多样性丰富了生活，但同时也妨碍了交流。25年前我们似乎在迈向这样一个世界——只说两种语言：母语和英语。虽然这在未来仍然可能发生，但进程已经被放慢了：有些国家要求必须掌握本国语，比如印地语、斯瓦西里语；还有些国家要求人民学习正在消失的语言，比如盖尔语，或者学习本民族的语言，如加泰罗尼亚语。组成世界的房间变小了些，但是彼此之间的墙又增厚了些。现在的国家数量又多了几个，但毫无意义。“我们”与“他们”的概念被前所未有地强调。我们该怎样通过使用互联网——而不是通过长达数百年的大范围通婚（尽管这点子很妙）——来打破这一魔咒呢？

只需重要的一步——全面、彻底地开放互联网。不要试图通过向内看而遏制它，只因这样做的结果会造成隔离而不是连接。不要再封锁应用程序的入口了。公司和国家，出于商业和政治的原因，会对这一话题小心翼翼，但我不会。确实是时候这样做了：实现完全接入；做更多开放性的研究；减少专有软件；建设更高合作程度的、全球范围的发展共同体。

所以，我请读者思考未来的数字化世界，它将滋养心灵抵御无明；分享繁盛；以合作取代竞争。

尼古拉·尼葛洛庞帝

马萨诸塞州剑桥市

2016年5月27日

《数字化生存》中文版问世20年译者感言

承认并庆祝人的境况

文/胡 泳

从科幻书到历史书

在为1996年出版的《数字化生存》平装本所写的《后记》中，尼葛洛庞帝写道："观察翻译成30种语言的《数字化生存》在各国被接受的不同程度，是很有趣的一件事。在有些地方，例如法国，这本书与当地的文化制度格格不入，因此似乎比依云矿泉水还显得淡而无味。在其他国家，例如意大利，这本书则广受欢迎，引起热烈讨论。"是时，《数字化生存》的中文译稿尚未出版，作者和译者都没有想到，这本书会在太平洋彼岸的中国掀起滔天巨浪。

在被称为中国互联网"盗火"阶段的20世纪90年代中后期，尼葛洛庞帝的声望几乎堪比家喻户晓的明星，《数字化生存》成为很多人踏上网络之旅的指路"圣经"。韩寒在《三重门》里写到一位师大毕业的语文老师：

是我们学校最年轻的一个老师，她给我的印象很深，记得上第一节课时她说不鼓励我们看语文书，然后给我们讲高晓松——那个制作校园歌曲的。她第一节课给我们唱了《青春无悔》，说我们不要满足于考试之内的死的没用的东西、要在考试外充实自己，这样才能青春无悔。然后她推荐给我们惠特曼的书，小林多喜二的书，还有一本讲知识经济的，还有《数字化生存》……

中学生韩寒在读这本书，日后成为全国人大常委会副委员长的许嘉璐也在读。2009 年 5 月 17 日，《光明日报》的一篇报道这样描述：

许嘉璐坐在写字台前，悄然合上尼葛洛庞帝的《数字化生存》最后一页。望着窗外阑珊灯火，他思绪万千，强烈地感受到数字化带来的挑战，信息高速公路上时刻存在安全隐患，可能危及国家安全、社会稳定和国民经济发展的大局。

日后，许嘉璐对信息安全的忧患催生了著名的“花季护航”上网管理软件。

受到最大影响的是年轻的中国互联网创业者们。美团的王兴在《数字化生存》中译本问世时正念高二，读到《数字化生存》说，互联网的本质是移动比特比移动原子的速度更快、成本更低，从此这个理念深植他的脑海中，成为他后来系列创业始终不渝的法则。是年，海南出版社想大力推广《数字化生存》，到北京请圈子中人做高参指点，第一个请的就是后来创办凡客的陈年。张朝阳和尼葛洛庞帝的渊源更深，后者是他的融资对象。在 2013 年 1 月 31 日的一次沙龙活动中，张朝阳称李彦宏和马化腾的创业都和他有关：“1998 年我去美国硅谷找人，问李彦宏想不想回国做互联网，他在硅谷说中国搜狐做起来了，于是硅谷一些投资人给了他投资。1999 年的我特别火，到深圳受到摇滚歌星式的接待，听众 700 人中就有马化腾，他听了我的故事激动不已，回去做了 QICQ。”由这个故事可知，尼葛洛庞帝堪称中国互联网创业者的一代“教父”。

1997 年 2 月，尼葛洛庞帝首次访华，出面邀请的还是国务院信息办，到 1999 年 1 月他二次来访的时候，主要的赞助者已经变成互联网公司了。率先在中国开启门户模式的搜狐公司在中国大饭店举办盛大的仪式，授予尼葛洛庞帝“搜狐天使”的荣誉称号。我记得非常清楚，就在我上台正式聘请尼氏为“数字论坛”总顾问之前，听到身后有人嘀咕：“一个外国大老爷们，叫的哪门子天使？”

是的，彼时的中国没有几个人知道天使投资。尼葛洛庞帝访华的这一年，我的《网络为王》作为第一本向中国人全面介绍互联网的专著也在海南出版社出版，亚信的田溯宁买了几千本送给各省的官员，因为他觉得这是最好的可以帮助互联网在中国普及的读本。那时的流行用语叫做“信息高速公路”，田溯宁记得，当他到偏远省份跟地方大员谈应该如何加快建设信息高速公路的时候，对方让他去找交通厅。

即使是了不起的预言家尼葛洛庞帝，也会对中国互联网的发展速度瞠目结舌。一位读者对我说：20 年前读《数字化生存》，觉得是科幻书；现在读，觉得是历史书。这堪称对一个未来学家的最高礼赞。

2014年6月25日，尼葛洛庞帝再一次来到北京，参加百度的The BIG Talk。我主持了这场活动。在会上，他又被问到之前他总是被问到的一个问题：《数字化生存》出版后到现在，哪些预言实现了，哪些未实现？

答案或许可以分为三个部分。第一，实现了的预言是计算机和互联网的普及。尼葛洛庞帝说，曾经一度，他认识在互联网上的每一个人，这话可能不无夸张，但是的确，我们都见证了，这些年来，计算机由“贵族”的拥有物变成平民的消费品，“数字化生存”也由概念变成了一种生活方式。

第二，有关计算机使用的容易程度，有好消息也有坏消息。好消息是，网上的音频、视频质量越来越好，计算机的计算容量越来越大，移动设备使用了触屏技术；坏消息是，人机界面并没有出现大的突破，“老祖母也能轻松自如地玩计算机”的愿望未能实现。在《数字化生存》中，尼葛洛庞帝曾说，计算机业面临的下一个挑战远不止是为人们提供更大的屏幕、更好的音质和更易使用的图形输入装置。这一挑战将是，让计算机认识你，懂得你的需求，了解你的言辞、表情和肢体语言。“将来的计算机将能够观察、倾听，不像一台机器，而更像一位善解人意的仆人。”尼葛洛庞帝知道，今天的计算机离此境界还相差很远。例如，语音识别技术的发展仍然停滞不前。人们对于语音识别技术的期望曾经很高，憧憬十年后能够方便地与互联网终端交流。而现在，尽管我们都知道打字并不是一种理想的界面，我们却仍然不得不熟悉敲键盘、点鼠标这些非自然生活中的动作。

第三，对互联网使用来说，最重要的是要“永远在线”，而这离不开无线通信。尼葛洛庞帝虽然预测到了触屏、电子书和个性化新闻，但他低估了无线的重要性。无线改变了人们使用计算机和网络的方式，没有一个核心的发射塔，没有一个总的开关，不用这些东西，就可以通过互联网实现各个地方的连接。尼葛洛庞帝为此修正了他的观点，表示中国以及全球互联网最大的机会，在于无线宽带技术的发展，未来的网络公司将无一不靠此赚钱。而尼葛洛庞帝所指的无线宽带将基于 P2P(Peer to Peer) 也即对等网络技术：现在，流通于互联网上的信息都存储在几个中央单元上，而 P2P 技术使存储在每台个人计算机上的未经锁定的文件和数据连接到互联网上成为可能。在 P2P 系统中，比如说属于两个互联网用户的两台计算机，可以不通过大型网站而直接连接。这样的宽带技术并不是遥远的梦，它可能很快使你的网络生活产生意想不到的便捷。这种现象并不是只在大城市中蔓延，它会遍及全球的偏远地区。随着手机、个人数字助理和其他设备融合了 Wi-Fi 类型的链接，这场运动将会无须建立更多基础设施就可以再造和扩展互联网。

尼葛洛庞帝曾经说过，《数字化生存》写作的时间不到六个星期，而当时连网景公司都还没有成立。如今，网景作为一家公司已经消失了，所以《数字化生存》的内容已然非常老旧——或许从网络时间的观点来看，那是一百年前的东西了。不过尼氏并不打算改写这本书，因为“那种感觉就像你重写一封情书一样”。让历史了解人们在某个时空点上的想法如何，更为重要。只不过，互联网在中国和世界的20年发展历程，让我们了解到时空被压缩得何等厉害。

拒不挥发的民族国家

其实，上面所说的关于尼氏预言准确与否的三点，远不是问题的要害。

2016年是《数字化生存》中文版出版20周年。我请尼葛洛庞帝为20年纪念版写个专序，他开始答应，后来犹豫，说一是他的心思不在这，二是各种邀约实在太多了。他说，你能不能写个序？你比我甚至更有资格。

我回答说，我当然会再写一个译者感言，但能不能请你再考虑一下？那么多中国读者想知道你今天的看法。

我自己也在想知道的人之列。尽管这些年来，我和尼葛洛庞帝在中国至少会过四次面，还在MIT的媒体实验室偶遇过一次，但每次谈的都是技术发展。我直觉尼葛洛庞帝还有别的话要说。

果不其然。尼葛洛庞帝后来拗不过我的坚持，还是写了个短序给中国读者。文中开宗明义就说：**大家总是着眼于有多少关于技术发展的预测是准确的抑或失误了，但是，与一个真正的、堪称是我有生以来最大**

的误判相比，这些只是细枝末节，事实上微不足道。25 年前，我深信互联网将创造一个更加和谐的世界，我相信互联网将促进全球共识，乃至提升世界和平。但是它没有，至少尚未发生。

真实的情况：民族主义甚嚣尘上，管制在升级，贫富鸿沟在加剧。

如果大家还记得《数字化生存》的结语，它的标题叫做“乐观的年代”。尼葛洛庞帝说：“我们无法否定数字化时代的存在，也无法阻止数字化时代的前进，就像我们无法对抗大自然的力量一样。”而在未来的数字化生存之中，沙皇行将退位，个人必然抬头，民族国家则会“挥发”殆尽。

就好像樟脑丸会从固态直接挥发一样，我料想在一些全球性的计算机国度掌握了政治领空之前，民族国家根本不需要经过一场混乱，就已经消逝无踪。毋庸置疑，民族国家的角色将会有戏剧性的转变，未来，民族主义不会比天花有更多的生存空间。

读到这个判断，我们意识到，尼葛洛庞帝下面这段话是典型的夫子自道：“谈到预测和发动变革时，我认为自己是个极端主义者。”的确，在这一点上，托马斯·弗里德曼所谓“世界是平的”不过是拾尼葛洛庞帝的牙慧而已。弗里德曼所发现的那些世界的新奇运行方式，10 年前就已经在尼葛洛庞帝的清单上了。

今天，“极端主义者”尼葛洛庞帝不得不承认，无所不在的数字化并没有带来世界大同。人们对互联网的认识变得更为多元，甚至在很大程度上是不可调和的。

然而，尼葛洛庞帝拒绝认输。他相信连接的重要性。连接是其他所有东西的前提条件。在这个相互连接的世界里，物质世界所扮演的角色与历史上相比越来越微弱了。世界在数字化，然而，你却会不断看到遗留下来的“原子思维”的病理症状。报纸想象纸张是其本质的一部分，电信公司想象距离越长应该收钱越多，国家想象他们的物理边界很重要。这些想象都是病态的。尼葛洛庞帝坚持认为，民族主义是地球上最大的疾病，当它和宗教、经济、贸易等相结合的时候会变得更糟。“民族国家的尺寸是错误的，他们一方面太小了，不能全球化；另一方面又太大，不能本地化”，所以，类似于民族国家的概念构成了连接的一大障碍。

可如今，这个前数字化时代的概念毕竟并没有消亡，不仅如此，它还不断试图把自己的意志加于全球性的互联网上。对此应该怎么办？尼葛洛庞帝的答案是：只须重要的一步——全面、彻底地开放互联网。“不要试图通过向内看而遏制它，只因这样做的结果会造成隔离而不是连接。”

充分连接的结果是，国家会同时缩小和扩大。缩小是为了实现本地化，地理的临近性不仅不会无足轻重，反而会加强分量。扩大则是为了实现全球化，建设更高合作程度、更大范围的发展共同体。可这样的世界如何管理呢？尼葛洛庞帝说他也没有良方。他唯一知道的是，法律必须是全球性的。网络法是全球法。

移动比特，而不是原子

恰恰在这个地方，“原子思维”再次剧烈发作，尼葛洛庞帝痛恨法律赶不上数字化现实的发展，他打了一个形象的比喻，“我们的法律就仿佛在甲板上吧嗒吧嗒挣扎的鱼一样。这些垂死挣扎的鱼拼命喘着气，因为数字世界是个截然不同的地方。大多数的法律都是为了原子的世界、而不是比特的世界而制定的”。

原子与比特是尼葛洛庞帝在《数字化生存》一书中提出的著名的对

立结构。它简要描述了软件与硬件或是信息技术与其他一切事物之间的分别。比特没有颜色、尺寸或重量，能以光速传播。它就好比人体内的 DNA 一样，是信息的最小单位。为了说明比特的神奇，尼葛洛庞帝讲了一件逸事，当年正是这件逸事打动了我，促使我决定把《数字化生存》译成中文：

20 世纪 90 年代中期的一天，美国某集成电路制造公司的总部，来了一个中年男人。

“我是麻省理工学院的教授，来参观你们公司。”他说。

“好的，请登记。”前台小姐礼貌地说，“顺便问一下，您随身携带手提电脑了吗？”

“当然。”男人从包里拿出一部 PowerBook，这是苹果公司生产的笔记本电脑，看起来有点旧了。

“那么这个也要登记。”前台小姐拿出本子开始记录，“它值多少钱？”

“我想，”男人回答，“大约值 100 万美元到 200 万美元吧。”

“这不可能！”前台小姐大吃一惊，“这玩意儿最多值 2000 美元。”她写下了这个数字，然后才让男人进去。

“当然，你说的是原子的价值，也就是这台机器本身。”男人心想，“而我所说的价值，是它里面的‘比特’。原子不会值那么多钱，而比特却几乎是无价之宝。”

为了更进一步说明比特的神奇，尼葛洛庞帝接下来讲了另外一个故事：他到加拿大宝丽金公司参加一次高级经理人研习会。为了让大家对未来一年的计划有一个整体概念，公司展示了许多即将发行的音乐作品、电影、电子游戏和摇滚乐录像带。遗憾的是，部分包裹被海关扣了下来。同一天，在旅馆的房间里，尼葛洛庞帝却利用互联网把比特传来传去，送到麻省理工学院和世界其他地方，同时接收各地来的东西。他骄傲地宣称："我的比特完全不会像宝丽金的原子那样，会被海关扣留。"

尼葛洛庞帝把上面这些有关比特的经历写在 *being digital* 的开头章节，用来阐释自己对未来的设想："Move bits, not atoms."它们一下子就攫住了我，1996 年的春天，我站在北京北四环一家台湾版权代理公司的几大排书架前，读这本书读得入了迷。

比特替代原子；个人化双向沟通替代由上而下的大众传播，接收者主动地"拽取"（pull）信息替代传播者将信息"推排"（push）给我们；电视形存神亡，将被一种看起来是电视但实际上是计算机的数字设备所取代；用户将用"指上神功"控制装置，而知识丰富的"界面代理人"将为你打点一切；游戏与学习的边界因为网络的出现而逐渐模糊；在一个没有疆界的世界，人们用不着背井离乡就可以生活在别处……对于一直生活在大众传媒的信息垄断中的人们（我自己学的和干的就是大众传媒），这一切如此新奇如此令人神往。

实际上这本书 1995 年已经在美国畅销，但我当时并不知道，我只是凭借一种直觉选中了它。我的感觉强烈到可以停下自己手中正在写的《网络为王》，而一定要先把这本书翻译出来，而且只用三周的时间。拿到尼葛洛庞帝的书，我想起了严复的《天演论》：《天演论》在当时的英国不是一本特别优秀的书，赫胥黎在英国的思想家当中也并不算举足轻重之辈，但严复把《天演论》介绍到中国时，中国恰好处在救亡图存的关键时刻，"物竞天择，适者生存"的理念一下子就拨动了中国人的心弦，所以这本书反而成了仁人志士必读的"圣经"。我几乎是不由自主地对尼氏的书做了一些"技术"处理，把它译成《数字化生存》，并着意将"计算不再只和计算机有关，它决定我们的生存"这样一句话打在封面上——可能中国从来都比较需要关于生存的讨论，因为我们从来都有大国情结和忧患意识，总是被奋发图强的念头所激动着。某些特殊字眼比如“生存”、“较量”和“球籍”总能挑动中国人敏感的神经。事后想来，这也缘于 20 世纪 80 年代我接受的启蒙教育（吊诡的是，尼葛洛庞帝所痛斥的民族主义竟然是推动我翻译这本书的原始动力）。

挑动“生存”神经的结果，是《数字化生存》一时洛阳纸贵，成为中国人迈入信息时代之际影响最大的启蒙读物。我的朋友吴伯凡对此书在中国的流行过程有精到的评论：“海涅（Heinrich Heine）在评价赫尔德（Johann Gottfried Herder）在德国思想史上的地位时说：赫尔德的伟大之处就在于我们今天都不清楚他到底有哪些重要的思想了，因为他的那些一度惊世骇俗的思想已经深入人心到这样一种地步——人们脱口而出地说着这些话，而浑然不知这些话是一个名叫赫尔德的人最早说出来的。尼葛洛庞帝的影响也可以作如是观。《数字化生存》在中国出版以来，书中的思想和语汇通过二度和三度传播，早已到了为我们‘日用而不知’的地步。一个今天第一次阅读这本书的人是无法想象它对于第一批中国读者的刺激力的。”

站在今天回望那个年代，或许我们可以真正理解到底什么是“数字化生存”。它意味着娱乐世界与信息世界充分融合，并且开始具备互动性；它意味着计算机在生活当中从不离场，而你时刻利用这种在场并以之为生活方式和态度；它构成一种平等主义现象，使人们更容易接近，并允许在一个大而空洞的空间内，听到小而孤独的声音；它令组织扁平化，打破传统的中央集权，把大一统的帝国分割为许许多多的家庭工业；它使网络真正的价值越来越和信息无关，而和社区相关。

就像空气和水，数字化生存受到注意，只会因为它的缺席，而不是因为它的存在。我们看到数字化生存成为一个过时的东西，人们充满兴奋地谈论的新话题是大数据、物联网、新能源、人工智能、生命科学、太空探索等。计算机和移动设备都越来越索然无味，因为它们将逐渐消失在其他物体中：自清洁衬衫、无人驾驶汽车、服务机器人、智能门把手，乃至吞下一粒就能掌握英语的药丸。用尼葛洛庞帝的话说，我们将住在计算机里，把它们穿在身上，甚至以它们为食。“A computer a day will keep the doctor away.”

旧制度与数字大革命

这样看来，数字化革命已经结束了。所以尼葛洛庞帝应我之邀所写的序的题目叫做 *Been Digital*，范海燕译为《数字化之后》。真正令人惊讶的变化将出现在别的地方，比如我们如何在这个星球上共同管理自身。

但是且慢。想想“无马的马车”（horseless carriage）这个在汽车刚刚被发明出来时的说法。仿佛被遮罩遮住了双眼的马一样，汽车的发明者无法预知汽车给人们的工作和生活带来的巨变，包括我们如何建造和使用城市，或者如何获得新的商业模式和创造新的衍生业务。打个比方，你很难在有马和马车的日子里想象汽车的无故障保险。正如麦克卢汉（Marshall McLuhan）所说：“我们总是透过后视镜来观察目前，我们其实是倒着走向未来。”

尼葛洛庞帝说，我们今天也有类似的失明，因为我们不能想象一个我们的认同感和社区感真正共存于真实和虚拟领域的世界。爬过山的人知道，爬升越高，空气越稀薄，但我们还没有真正体验到缺氧的滋味，因为我们尚未攀爬到数字世界的高峰——甚至都还没有来到山脚下的数字大本营。

这也就是我发现的今日数字生活的悖论之所在：当下关心数字商业的人数不胜数，但是关心数字社会基本问题的人少而又少。我们需要解决的数字社会基本问题太多了，比如个人隐私与社会公开性的冲突、安全与自由的冲突、政府监控与个人自治的冲突、繁荣创意与保护知识产权的冲突等。在这个意义上，数字化革命远未到结束的时分，或者说，“been digital”（数字化之后）的问题，比“being digital”（数字化之中）的要严重得多。

我把这些冲突统称为“旧制度与数字大革命”的冲突，其产生的原因在于，互联网终于由工具的层面、实践的层面抵达了社会安排或曰制度形式的层面。在这种冲突背景下，重读《数字化生存》，最重要的是回到原点，思考一个核心的问题：什么是互联网？这是一个听上去简单、但回答起来很复杂，似乎被回答过、但从未获得真正回答的问题。回答该问题的路径有两条：第一，把互联网予以概念化（conceptualizing internet）；第二，想象互联网（imagining the internet）。

到底什么是互联网？我们该如何理解我们的日常世界中这个无处不在和熟稔无比的特征？互联网能做什么，在它能做的事情当中，哪些是崭新的？它又引发了什么新的伦理、社会和政治能力？它使得什么东西过时了，成为问题，甚至变得不可能？随着我们周围的世界不断重组，我们称为互联网的那个社会—技术组合对于构成我们居住之地的许多熟悉的假设以及想象都提出了关键挑战。

怎么看待这些挑战？第一个视角是从已知的有关互联网的一切出发：它是一种用户活动于其中、促成群体生产与共享的在线环境，在这一环境中，我们通过带有屏幕的中介设备与他人互动。第二个视角是从我们合理地期望看到它在近期乃至更远的未来会变成的样子出发。为此，我们既需要新的价值论（伦理学与政治哲学），也需要新的认识论

(关于知识和科学的理论)。

最后，我们对互联网的思考一定会达到一个层面：在充分联网的环境下，到底还有什么东西能够构成人的定义？什么叫做人？什么叫做人性？这其实是互联网文明的可能性问题，最终的含义是人的可能性问题——我们可能会到达"后人类状态"。

同和尼葛洛庞帝在麻省理工学院任教的建筑学家威廉·J·米切尔(William J. Mitchell)有一个比喻：人不过是猿猴的1.0版。现在，经由各种比特的武装，人类终于将自己升级到猿猴2.0版。谈到"后人类"，让我援引一下凯瑟琳·海尔斯(N. Katherine Hayles)的话，作为《数字化生存》20周年中文纪念版的译者感言的结尾："如果说我的噩梦是在一个后人类文化中，人们只把他们的身体作为时尚的配件而不是存在的基础，那么，我的梦想则是，后人类在拥抱信息技术的可能性的同时，没有被无限的权力和无身体的不朽的幻想所诱惑，承认和庆祝作为人类条件的有限性，并且理解人类生活被嵌入于一个复杂的物质世界之中，我们的持续生存端赖于这个世界。"(《我们如何成为后人类》)

换句话说，数字化生存之时，也需要原子。比特将与原子相依共存。

《数字化生存》20周年纪念版出版序

启示未来

文/刘九如

记得1994年年底，我去美国Las Vegas参加当时计算机领域异常火热的Comdex展览会，专访时任微软总裁比尔·盖茨（Bill Gates）和IBM总裁郭仕纳(Louis V.Gerstner)时，他们不约而同地向我谈论一个新的词汇——网络计算，认为随着网络的发展，人类将从“计算机计算的时代”，进入到“网络计算时代”，IT应用将从专业走向大众，IT产业将开启更加广阔的应用空间。我以关注新事物的记者敏锐和追逐产业新潮流的职业兴奋，连夜撰写了一篇《网络计算时代已经到来》的长篇综述文章，迅速传回《计算机世界》周报刊发。回京以后，众多IT业界朋友多次约我交流，向我咨询并索要比尔·盖茨和郭仕纳谈话的原始材料。

随后不久，中国IT业界的网络大潮勃然形成。1995年马化腾和丁磊分别在深圳和宁波做起了BBS网站的站长，马云在杭州创办了“中国黄页”网站，张树新在北京创立了“瀛海威时空”，并在海淀路口竖起了“中国人离信息公路有多远——向北1500米”的那块著名的广告牌；1996年发明“中文之星”输入法的王志东开通了四通利方网站；在美国拿到了博士学位的张朝阳，模仿雅虎，回国创办了名叫搜狐的中文搜索引擎。

尽管如此，网络和数字化在中国大众心目中，当时还是非常专业的词汇，我主编的《计算机世界》尽管在行业影响不小，但总是被归入专业人士阅读的技术类报纸；包括我撰写的那篇综述文章，尽管被《新华文摘》等众多媒体转载，但也还是被看作“专业文章”，社会大众离网络和数字化生活似乎还很遥远。

启蒙中国社会大众迈向网络时代和数字化生活的，是《数字化生存》一书。我了解这本书，是此书中文版出版前从美国 IDG 董事长麦戈文先生那里听说的。麦戈文先生是我所主编的《计算机世界》的美方合资股东，他每年来中国 2～3 次，每次都要把我们的编辑团队找到一起，花 2 个小时向我们交流和介绍美国 IT 业界的一些新的发展情况。他不止一次提到《连线》杂志，并提到一个叫 Nicholas Negroponte 的作者在《连线》杂志撰写的专栏文章。印象中，我还专门让一个英文较好的技术编辑跟踪过这个专栏，但这个编辑总认为 Negroponte 的文章泛泛，没有谈太多的新技术而不了了之。后来有朋友送我海南出版社出版发行的《数字化生存》这本书，才知道作者尼葛洛庞帝（Negroponte）就是根据自己在《连线》杂志发表的专栏文章综合编辑而成。

《数字化生存》一书，我应该至少读过两遍，它首先改变了我的工作和生活。一方面，正是因为受此书观点的影响，我意识到 IT 产业必将从专业走向大众，互联网和数字化必将主宰我们的未来。于是，我将当时市场大热的《计算机世界》报的内容定位，从主要针对企业信息技术主管提供技术与应用方案，转变为针对大众消费者如何应用网络改变生活，并随后开辟《数字生活》专栏，大胆刊出《逃往中关村》的小说连载；后来又积极参与创办《电脑爱好者》、《消费电脑世界》和《IT 经理世界》等杂志，不仅促使《计算机世界》周报发行量大增，影响力骤升，而且推动报社发展成为当时中国最具影响力的报刊集团，我也因此从总编辑，成为社长和计算机世界传媒集团总裁。另一方面，也让我本人对互联网和数字化的未来发展前景充满憧憬，对当时风靡一时的“Second Life”（在美国非常受欢迎的网络虚拟平台）极力推崇，在《数字生活》专栏撰写多篇文章介绍，引导社会大众到网络空间演绎更加精彩的“第二人生”；同时，发起组建“中国.COM”沙龙，推动马化腾、王志东、张朝阳、丁磊、李彦宏、张树新及杨致远等成为网络英雄；先后走访200多家互联网企业，撰写了大量有关应用网络改变大众工作与生活的文章，促使自己与中国互联网20年的发展紧密相连，并因“为中国互联网发展鼓与呼”而被中国互联网协会推选为“影响中国互联网发展的100人”之一。

《数字化生存》给中国大众带来了数字化环境下的新的生存观，它向社会大众畅想从网络中获得信息、从游戏中获得知识、从应用中开启创业，这是何等的新鲜和惬意。由此，我认为，对中国大众来说，这本书的出版意义在于：

一是大众启蒙。读完此书，人们仿佛走出“中世纪”，看到了更加五彩斑斓的世界，积极跟上了互联网的发展步伐，快速适应了数字化生活，并引领了互联网的应用。

二是开阔视野。通过此书，让国人看到了当时我国与发达国家信息技术及网络发展的距离，逼使业界同仁抓住机会，从起步时的新浪、搜狐、网易三小巨头，到今天的腾讯、阿里、百度三大巨头，促使中国的互联网超越了世界；中国互联网络信息中心（CNNIC）发布的《中国互联网络发展状况统计报告》显示，截至2016年6月，中国网民规模达7.10亿，互联网普及率达到51.7%，超过全球平均水平3.1个百分点。

三是契合发展。这本书的预言预测，无论应验多少，简单回顾和梳理，我们都可以发现，书中的众多观点，与中国互联网20多年的发展是如此密切的契合，甚至与中国经济改革开放的进程也非常契合。

从我上述个人的经历和感受，各位读者也许已经意识到我们今天再版《数字化生存》一书的意义。一本如此深刻影响中国互联网发展、促使社会大众迈向数字化生活的书难道不应该珍藏一本吗？不仅如此，我认为再版此书的意义至少还有三个方面：

一是中国互联网发展到今天，已经超越和引领世界，但是中国互联网过去 20 年的发展具体创造了哪些经验，形成了怎样的发展规律，未来将走向何方？我们需要总结和研究。

二是社会大众都意识到，数字科技对我们的生活、工作、教育和娱乐等也带来种种冲击和许多需要深思的问题，包括目前如火如荼的互联网产业如何避免马化腾所说的“一觉醒来就可能稀里哗啦”的担忧呢？需要我们研究与预测。当前的中国，急切需要诞生未来学家和预言家，我们再版这本书，也寄予了这方面的期望。

三是创新无止境，无论是中国互联网产业的持续引领发展，还是社会大众未来如何更好地利用互联网进一步改变工作和生活，还需要开启更多的创新行动，正如尼葛洛庞帝的那句名言：“预测未来的最好办法，就是把它创造出来。”期待更多读者从此书中得到启发，用更多积极创新的行动去尝试未来。

人生的绚丽和生动永远在于远方。只有不断整理旧日的思绪，化成远方的星光，来映照我们脚下的阡陌，延伸我们的步履，我们的现实空间和切实生活才会闪烁出诱人的色彩，渲染出更加夺目的缤纷。期待收到此书的读者，能因此更美好地畅想和深化你的数字化生活。

（刘九如 电子工业出版社总编辑）

《数字化生存》中文版问世20年推荐序

从"数字化"到"生存"
——重读《数字化生存》

文/段永朝

20年前胡泳、范海燕翻译的《数字化生存》，是中国互联网启蒙的经典著作，打那以后，尼葛洛庞帝成为一个时代的象征。相信很多读过这本书的人，都会记得自己一口气读完后，那种心潮澎湃的思绪。

我就是其中的一个。我迄今仍精心收藏着这部译作1996年的首版，以及夹在书中业已泛黄的读书笔记。

两句话的震撼

《数字化生存》留给我最深印记的，是两句话。一句是译者序的结束语，"预测未来的最好办法就是把它创造出来"；另一句是印在图书封面上的"计算不再只和计算机有关，它决定我们的生存"。这两句话每次读来，似乎都让人醍醐灌顶。

从第一句说，对当年那些刚刚了解"实事求是"是什么意思，刚刚了解尊重客观规律意味着什么，刚刚明白科学预测、科学决策、科学管理重要性的人来说，“预测未来的最好办法就是把它创造出来”，无疑是一声惊雷。这是全新的未来观，更是响亮的行动主义宣言。

从大洋彼岸的硅谷吹来的阵阵新风，用 80286、386、486 一代又一代超级计算机，用炫酷的多媒体终端，用雅虎、美国在线、亚马逊电子商务网站、谷歌搜索，用泥巴（Mud）游戏、卡斯帕罗夫与 IBM 深蓝计算机的人机大战，向这个心神不宁、燥热喧闹的国度，一次又一次地宣布“正在到来的未来”。

未来，不再是满怀憧憬的期待，或者站在原地的等待。我们奔跑、追赶，一次又一次地看见前方被“造出来”的路，一次又一次惊叹于这种被“造出来”的感觉。

老实说，这种感觉已经存在了 20 年。

老实说，这种感觉越来越不那么单纯是兴奋、震惊，或者醍醐灌顶；这种感觉，越来越五味杂陈。20 年后重读，尤为如此。

另一句话，“计算不再只和计算机有关，它决定我们的生存”。这句话，刚开始听上去有点玄虚，还有点庄重。可以说，《数字化生存》整本书，就是为了论证这一句话。今天，这个判断似乎已经成为常识。数字化浪潮已经渗透到日常生活、工作、组织、学习、生产、消费等各个角落，而且，脚步并未减缓。

尼葛洛庞帝书中大篇幅地讲述的数字电视、电子书、交互游戏，早已稀松平常；尼氏畅想的智能手表、可穿戴装置、家用机器人，正热火朝天。他在书中忠告的箴言，业已成为数以亿计网民耳熟能详的日常用语：交互设计、个体化时代到来、去中心化、数字化赋权、原子向比特迁移、距离消失，等等。

尼葛洛庞帝预言的“奔向临界点”、“重建世界/信息 DNA”的浪潮，正在以他那个年月尚无法想像的方式，以无人驾驶、人工智能、虚拟现实、脑神经网络、意念控制、纳米医学、“更具有人格的计算机”的方式，汹涌而来。

这两句话，依然震撼，但今天重读，又不止是震撼。

媒介与信息

2016 年，是尼葛洛庞帝《数字化生存》出版 20 周年。3 月底在杭州参加阿里巴巴湖畔大学第二期开学典礼，与胡泳在一起，他提到正筹备《数字化生存》20 周年纪念版的事情，并向我约稿。

这部书在我自己的阅读史中占有重要的一席，于是我满口允诺，写一篇纪念文字。

几个月过去了，交稿的日子一天天临近，我却怎么也找不到思路。

重读畅谈未来的著作，最大的诱惑、也是最省事的办法，就是盘点作者的全部“预言”。我从书架上找出这本书，努力把记忆拉回到 20 世纪 90 年代中叶，渐次梳理一年又一年跌宕起伏的业界风云，常常止不住地赞叹作者深邃的洞察。当然，也有个别笨拙的“失言”之处，但统统不要紧（比如第 177 页，尼氏猜测 2000 年世界网民就会达到 10 亿，实际达到这一数字要到 2006 年）。如果苛求作者每言必中，那倒是显得多少有点浅薄。恰恰是作者彼时彼地的时代处境，让那些睿智与迷障共处同一时空。

尼葛洛庞帝是媒体情结很浓厚的人。他调侃起传统媒体的败相来，毫不留情。比如这句，“高清晰度电视就是个笑话！”（P30）还有这句：“著作权法已经完全过时了。它是谷登堡时代的产物”（P51）。

作为媒体中人，我钦佩尼氏对媒介的洞悉，并从我自身在媒体从业15年的历程，得到会心的印证。诚如尼氏所言，站在传播者一端，以广播模式传播的旧媒介已经消亡，“数字化会改变大众传播媒介的本质，‘推’送比特给人们的过程将一变而为允许大家（或他们的电脑）‘拉’出想要的比特的过程”(P79)。

但是，重读《数字化生存》，在为尼葛洛庞帝点赞的同时，也不由得有一点后知后觉的感悟：尼氏用大量篇幅，描绘了一幅个性化的、流动性的、随处感知的新媒体形态，“在网络上，每个人都可以是一个没有执照的电视台”(P171)，并断言“界面设计的秘诀”，就是“让人们根本感觉不到物理界面的存在”(P87)。

这些睿智十足的预言，听上去无疑是合情合理的，但道理何在？这恰恰是尼氏未加以深入分析的，也恰恰是今天自媒体、互媒体、社交媒体等四面开花的时候，人们急迫地想探究的。

关于媒介演变的实质，尼氏仅用一句话来概括，就是“媒介不再是信息”(P55)。

这句有模仿“嫌疑”的话，与被模仿者、被誉为数字媒介领袖的麦克卢汉完全不同。麦克卢汉的“媒介即信息”的断语流传甚广。两位为何有如此截然不同的看法？至少从尼氏的著作中，我没有找到答案。

我的观点是这样的：麦克卢汉所言媒介即信息，是试图解构媒介形式与内容的两分法。媒介即信息，是麦克卢汉 1964 年出版的《理解媒介：论人的延伸》一书中提出的观点。麦克卢汉认为，媒介所表达的内容，再也不能与承载内容的形式割裂开来，媒介形态本身就在影响、塑造人们的行为方式，在这个意义上，媒介本身就已经具备信息的价值。麦克卢汉是在电视与广播媒介，以及电信技术大行其道的背景下，做出这一阐述的。与传统的印刷媒介不同，电媒（包括广播电视和电信）本身即具有强力的时空穿透力和行为塑造能力，以至于麦克卢汉说“**电光，就是纯粹的信息**”。

有趣的是，尼氏做出的媒介不仅是信息的论断，也是从技术这一角度来看的。通过数字化、计算机和网络，媒介已经不单纯是信息的传递载体，也不单纯是承载意义的信息，媒介就是存在本身，就是意义本身。如果说麦克卢汉的媒介—信息关系论，指向的是媒介的去中介化的话，尼氏的媒介信息关系论，就彻底消解了媒介存在的理由。

但遗憾的是，尼葛洛庞帝并未就此深入写下去。他还是依旧沉浸在对数字改变世界的极度兴奋中，不厌其烦地做出一个又一个描绘和断言。

重读尼葛洛庞帝，如果这些曾经令人信服、如今疑窦重生的词语涌上心头，我觉得这反倒是对作者的敬意，而不是苛责。

姜奇平在 2016 年 5 月 20 日网络智酷举办的《新经济：信息时代中国升维路线图》（王俊秀著）一书的研讨会上，对诸如此类的现象，有一个新的解释，他称为“**复杂性的升维**”。

界面的消失、媒介的消失，并不意味着这种存在物物理形态的消灭，而在于这种存在物存在形态的演化，及其与人的关系的深刻变化。

正如尼葛洛庞帝在书中期待的那样：“计算机将为人们读报，看电视，而且还能应人们的要求，担任编辑工作。”“《纽约时报》先发送出大量的比特，可能包括 5000 篇不同的文章，你的电子装置再根据你的兴趣、习惯或者当天的计划，从中撷取你想要的部分”（P12）。

这并非简单地将主导权从编撰者交到消费者手里，不是简单的物理转换，而是复杂性范式的内化。

数字化带来的世界面貌的改变，并非将世界从内到外统统简单化了。这个世界的复杂度依然如故，甚至更加复杂。认识这个世界的路径也依然复杂，知识的构建远未停止，世界依然隐藏在海量数据的扑朔迷离的面纱背后。但是，媒介不再具备这种可能，即将客观如实的所谓真相，直通通地从 a 地搬运到 b 地。尼氏所期待的未来媒介，表面上看已经智能化到这种地步，TA 聪颖过人、智慧超群，TA 善解人意、八面玲珑，能个性化地替每一位特定需要的个体，找到所需的资讯，汇聚碎片化的信息，展现隐藏在复杂数据关系背后的画面。

换句话说，新的媒介，其交互界面已经傻瓜化到如此地步，以至于人感觉不到界面的存在（界面消失了），但隐藏在界面背后的更加复杂的范式，正开足马力，运用大数据分析、人工智能、智能代理服务等技术，将信息用可视化的、人性化的方式，呈现在自然场景中。

复杂性并未消失，复杂性只是被再度包裹起来，变成了隐身衣而已。

在这个意义上说，尼氏所言媒介不再是信息——媒介不再更多地拥有信息的价值与功能，不正是如此吗？或者换句话说，麦克卢汉所谈论的那个致力于塑造智慧、塑造人性的基于“媒介使用行为”的旧媒介，业已完成自己的使命。新的建立在广泛的数字化、智能化基础上的媒介，将完成“再中介化”的转变。

一段插曲

尼葛洛庞帝的《数字化生存》无疑是一个时代的标识。它完美地象征着数字时代的开启。对中国人而言，这一象征的意味还要更多一层，这多一层的意味可以用这样一件事来叙说。

在撰写这篇文章的时候，我在微信上给胡泳提了一个问题，《数字化生存》英文原版是 1995 年出版的，在此之前，也就是 1994 年，凯文·凯利的《失控》一书也出版了。我问胡泳：如果当时这两本书同时摆在你面前，你会选哪一本？

胡泳回复：**还是会选择《数字化生存》。**

我问：**为啥呢？**

胡泳回复：**因为生存之意义大哉！**

这个说法，一点都不出乎我的意料。“生存”这件事，对当下这片土壤的中国人而言，意义非凡。

2015 年冬天，有一位去波士顿游学归来的朋友，讲述了这样的心得。她说，四五十位国际学生，参加为期一周的创新课程学习，他们分为 6 个小组。每个小组都需要提出自己的创意项目，方向不限。有两个有趣但发人深思的现象：一个是亚裔面孔的人，愿意分在同一组；另一个是欧美同学的项目，大多围绕环保、贫困、低廉卫生的饮用水等，她们这一组，提的项目是“互联网金融”。

平心而论这倒没有什么高下之分，但引人思考的是：这种志趣的差异，意味着什么？我觉得这恰好可以作为观察不同文化背景的人们，理解什么是生存的一点脚注。

生存不仅仅是活着。公元前 399 年，苏格拉底在雅典饮鸩而亡，这事关生存；公元前 212 年，罗马士兵攻占西西里岛叙拉古，当剑架在阿基米德脖子上的时候，他依然要淡定地算完最后一道题，这事关生存；公元 1600 年，布鲁诺宁愿被烧死在罗马鲜花广场的火刑柱上，也要誓死捍卫日心说，这事关生存。

生存，以及对生存的忧虑，应该说是质朴的人类精神活动的起点，是观照生命的第一缕阳光。年轻的耶路撒冷大学 70 后历史学家尤瓦尔·赫拉利的《人类简史》，迅速成为全球畅销书，或许可以看作新生代人群，对“生存”这一亘古未变的母题的再度关注。

在高级宗教盛行上千年之久的日子里，历史一次又一次无法令耶路撒冷圣城免于战火，西方的人们不得不一再返回去重新审视何谓“生存”。在奔走呼号、摩顶放踵的孔学，与见性成佛、隐别山林的释道共同浇铸华夏民族国民性的时候，我们看到的却是代复一代的学人，对“活着”做出的冗长聱牙的注疏和经解。

今天，历史终于抵达了这样一个交汇点：“活着”和“生存”的交汇点。思考“生存”的人们，日益感念于活着的轻灵与质朴，他们再一次眼睛向东；玩味“活着”的人们，每每惊叹于生存的深邃与博大，他们再一次眼睛向西。

但文化、文明交融的相向而行，这一次有了全新的寓意。

从作者尼葛洛庞帝的中文译名，或可领略胡泳的良苦用心。他有意选择“帝”而弃用“蒂”，背后的心思正在于他认为尼氏提出的“生存”问题，好像恺撒大帝渡过卢比孔河对罗马的意义一样，他试图用这样一个谐音字的选择，大声呼喊：人类正在开启一个全然不同的新时代。胡泳在 1998 年 1 月尼葛洛庞帝来访之际，代表数字论坛将总顾问聘书郑重递交给尼葛洛庞帝的时候，讲述了尼氏中文译名的内心想法。译者期待，借着这一波汹涌而来的数字化浪潮，中国，中国人，能透彻地领悟到“生存”的非凡意义。

数字化生存，一个全新的开始

20 年间，互联网显然带来了天翻地覆的变化。

睁眼看手机，泡在网上，低头刷屏，极度依赖 Wi-Fi，碎片化，下单，交友，导航，支付——所有这一切，已经像空气和水一样自然了。但这依然是数字化生活，数字化活着，而不是尼氏所言的“数字化生存”。

1978 年，斯隆报告提出认知科学的革命，认为人类正在进入一个认知塑造的新阶段。今天，当我们重新审视互联网爆发的这 20 年，猛然发现生存的含义，并非仅仅是电脑、连线、游戏、智能代理这么简单，而是来自另一条日益鲜明的暗线。

这另外一条线就是“认知与行为”。数字化、网络化、智能化日益改变着这个世界，也改变着人们的行事方式，更改变着人对这个世界的认知，这种认知，事关未来的“生存”。

2000 年，美国国家自然科学基金会（NSF）和美国商务部（DOC）共同资助了 50 多位科学家，开展了一项旨在展望 21 世纪未来科技前景的研究，这项研究的成果是一份 480 多页的报告，报告的题目是：聚合四大科技，改变人类未来（*Converging Technologies for Improving Human Performance: Nanotechnology, Biotechnology, Information Technology and Cognitive Science*）。聚合四大科技（NBIC），指的就是纳米技术、生物技术、信息技术以及认知科学。报告中有这样一句话：“这些突破又进一步促进技术进步速度，并可能会再一次改变我们的物种，其深远的意义可以媲美数十万代人之前，人类首次学会口头语言。”（参见报告原文第 102 页）

这是事关生存的大事。

引人深思的是，对生存问题的思考，在这片土地既显得生涩乏力，又缺乏与西方话语对话的可能。当我们也用同样的流水线技术制造电脑、用手机下载游戏、用电商平台开展全球贸易的时候，我们似乎依然停留在“活着”这一层面。个中缘由，或许是这一“数字化生存”的景观、画面、路径、光泽，是“别人”描绘的，我们只是这个时代的某种“回声”。

回顾我自己过去20年里写下的评论文章，其中有30多篇与《数字化生存》、与尼葛洛庞帝直接有关，但大多都流露出这样一种担忧：这到底是“谁的”未来？

比如这样一件事：2000年元旦过后，尼葛洛庞帝二度来华，当时的媒体评论中，我听到的最有“骨气”的一句话是：上次（指1998年春天那次）来的时候，我们仰视他，而这次我们可以“平视他了”。我随即写了一篇文章，题目就叫“是否可以平视尼葛洛庞帝并不重要”。文章里有这么几段：

按照我的想法，如果尼葛洛庞帝有什么可以值得仰视的地方，大概就在于这个麻省理工学院媒体实验室的创始人早在20世纪80年代早期就提出了多媒体之类的设想，从而具有了预见性；在于这个《数字化生存》的作者将比特的重要性凌驾于原子的重要性之上，从而具有了清新耳目的新颖性；在于其“未来就是你所造出来的那个东西”的论断的爆炸性。

如果尼葛洛庞帝不幸被平视，大概就在于用多媒体赏玩VCD之类已经为分析家们所熟识；在于“比特世界”、“数字化生存”已然成为分析家们自己能够独立鼓噪的熟语；在于我们的未来真的成为了“别人所造出来的”那个样子。

依着别人的存在的影子，寻找自己存在的理由，毕竟不具有“原创”的属性。

重读《数字化生存》的意义，恐怕不是再次复盘、印证、检视尼氏说了些什么、说准了哪些，还有哪些不太准，不是把尼氏当作大仙来看待。不过说老实话，这些年来，国人这个毛病并未改观。据说凯文•凯利惊讶于他的《必然》一书竟然很短的时间里卖掉数十万册，还据说一些所谓国际大咖到中国演讲走秀，报价高得惊人——种种现象，我还是那个想法：就算我们今天买得起、消费得起最先进的产品、最抢眼的大咖，也并不表明我们对“生存”的理解比之 20 年前，有了足够的进步。路还很长，要有耐心。

在更大的背景下重读经典

说到“重读”的意义，末了我得提这么一件事：《杜威全集》中文版的出版。这又是一件大事。

2015 年，由复旦大学杜威研究中心与美国南卡大学杜威研究中心合作的这套 37 卷外加一卷索引的《杜威全集》，历经 10 载寒暑，终于出齐。我认为这是中国思想界、读书界的一件大事。重读杜威，对中国人而言意义非凡，对美国人来说，也如是。

杜威可谓“中国人民的老朋友”。1919 年到 1921 年，两年多的时间，杜威逗留中国，在北京、杭州、上海等地访问、讲学、游历。他大约是 20 世纪思想家中唯一一位在中国连续驻留这么长时间的人。此外，杜威还恰好是那个热血沸腾的时代的见证者：中国正发生五四运动和新文化运动。

通过胡适、傅斯年、陈独秀、顾颉刚、钱玄同等人的引介、诠释，杜威的实用主义哲学可谓深入人心。赛先生、德先生成为百年来最富有时代气息的符号。然而，100 年后再看这段历史，不由得让人唏嘘。在 20 世纪初叶逼仄的历史舞台和局促的历史时空下，实用主义很快蜕变为“只问结果，不问缘由”、“真理即有用，有用即真理”的庸俗哲学的模样，迅速与功利主义挂起钩来。赛先生，也旋即成为古史辨派、整理国故派的重要理论出处。

在美国，作为实用主义哲学第三代传人的杜威，也更多以教育家的面目出现，而不是哲学家。20 世纪 70 年代之前，世界哲学如万花筒般流派众多，存在主义、现象学、分析哲学、语言哲学、结构主义、解构主义、解释学等，不一而足。美国主流哲学基本是分析哲学、语言哲学的天下，“欧陆哲学与英美分析哲学”的两分法，基本框定了 20 世纪哲学主流的疆域。

20 世纪 70 年代之后，这种局面正缓慢地发生巨变。

首先，是心灵问题重新进入人们的视野，但这次不是詹姆斯机能主义心理学的复兴，更不是华生行为主义心理学的延展，而是一系列亚文化的汇流——从嬉皮士到雅皮士的中产生活；白领中悄然兴起的灵修运动、瑜伽运动；对“言必称希腊”的两希文明的反思；线粒体 DNA 考古对“夏娃”的发现；认知科学的兴起等思潮汇聚而成洪流。

这一洪流，与信息时代、第三次浪潮、数字化革命的同频共振，在暗流涌动 30 余年后，终于呈现出一幅波澜壮阔的大画面，这幅画面所映射出的几个耀眼的光斑，则包括——世纪末“历史终结论”与亨廷顿“文明冲突论”的兴起；中国作为一个大国在 21 世纪的崛起；“9 • 11”带来的巨大震撼，以及美国文化界、科技界、媒界、政商各界，重新思考和寻求“9 • 11”之后美国哲学和美国精神的支柱；世界政经社会秩序正在纷繁复杂的状态下走向重构。基因技术、纳米技术、生物技术和信息技术，已经收获了太多令人震惊的成果——这一切，都与世界网民超过 30 亿人、网民对网络的依赖超过传统媒介的总和这一基本事实相契合。

问题的溪流已经汇聚成滔滔江河。最后的“大问题”业已清晰可见，我们如何重新看待和回答这样一个问题：未来我们将如何生存？

其次，杜威哲学呈现出某种“重整哲学”的契机。在杜威看来，人类（主要指西方）面向“确定性寻求”的两条道路，看上去无可挽回地失败了，一条通过宗教、祭祀，另一条通过发明艺术（参见杜威晚期著作第四卷《确定性的寻求》第一章）。之所以失败，杜威认为根源在于长期以来西方思想观念的进路，被锁定在有关“观念/理念”、“行为/实践/经验”等各种名目的两分法中，这也是百多年来“主义盛行”的根由。更重要的是，“观念/理念”（用杜威的话说就是对确定性的寻求）占据形而上的位势，而实践、经验则被贬抑为粗糙的、不确定的、充满偶然性、复杂性的形下之事物。

现象学转型之后，越来越多不同领域的思想者（诸如社会生物学家威尔逊、控制论创始人维纳、心理分析学家荣格、美国哲学家罗蒂、历史学家沃勒斯坦、英国生态学家拉夫洛克等）认识到，人既是自然的生物，也是社会的生物，人的生命源自与自然和社会环境的动态交互和共生演化。与外部环境和内心世界永不停息的交互活动，不但塑造着整个世界的样貌，反过来也塑造着人本身的认知。进一步地，这种认识并未与行为剥离、割裂开来，而是形成“认知—行为”交叉缠绕的“共生运动”。

这正是连接一切的互联网所展现的新世界、新空间。这也正是虚拟实境与物理世界、观念世界、符号世界交相辉映的新存在、新命运。

重读杜威，正是这样一种历史契机下出现的现象。美国正在寻求哲学意义上的“重启”，而不仅仅是再工业化、重整世界政经秩序和输出西方普世价值观。或许可以说，遭 20 世纪轻视、误读的杜威哲学，是独立的美国哲学思想最好的“备选品”。

实用主义哲学如果不甘沦为二流的生活哲学乃至庸俗哲学，那它就必须在彻底重新审视西方 2500 年以来文明传统的基础上，在充分汲取包括中国的、印度的、两河流域的、埃及的文明营养，以及诸多区域文明营养的基础上，走向文明的融合。尤其重要的是，这次重读，不止是美国思想界自己的历程，而是一个广为开放的历程。不止是重读杜威，而是需要以 100 多年前尼采那样的勇气，重估一切价值。

在这个意义上，重读《数字化生存》，把关键词从“数字化”转向“生存”，或许是一个绝佳的历史契机。从大的历史尺度看，生存问题，对东方文化而言，依然是一个尚未破题或者说需要“重新破题”的大问题，在当今世界，这个问题的迫切程度已经大大提高了，而不是降低了。

（段永朝 财讯传媒集团首席战略官、网络智酷总顾问）

《数字化生存》中文版问世20年推荐序

一本关于“智能时代”的“说明书”

文/吴伯凡

一本好书是经得住回头再读的，它似乎能在时间中悄悄生长，多年后再读它，你会惊奇地发现它在你面前已焕然一新。其实不是这本书变了，而是你变了——随着你见识和阅历渐增，当初那些无缘、见面不相逢的内容对你悄然显现。所以古人说，读书随年龄、阅历的不同有三种状态，初读如“隙中窥月”，再读如“庭中望月”，三读如“台上赏月”。

至今仍记得20年前一个朋友把《数字化生存》这本书送给我时说的话：“好好读读，接下来是个全新的时代，这本书就是关于这个时代的‘说明书’。”于是我郑重其事地读完了这本书，并且在各种场合谈论、引用它，越来越相信自己读懂了它。

20年后重读这本已经被我翻得破旧的书，看着自己在书中画下的线、写下的批注，不禁对自己那种不得要领的认真觉得好笑，同时对尼葛洛庞帝惊人的洞察力油然而生敬意。

一

书中有不少“20 年后……”之类的句子。在视频通话、直播已稀松平常的今天，读到这样的话我们觉得很亲切：“20 年后，当你从视窗中向外眺望时，你也许可以看到距离 5000 英里和 6 个时区以外的景象。……阅读有关巴塔哥尼亚高原的材料时，你会体验到身临其境的感觉。你一边欣赏威廉·巴克利的作品，一边可能和作者直接对话。”

但作者的预言并非都已成真。比如，他说：“20 年后，你可能对着桌上一群八英寸高的全息式助理说话，声音将会成为你和你的界面代理人之间最主要的沟通渠道。”语音识别在今天固然是热门话题，但这种技术成熟到成为主流的人机对话方式还有待时日。他还断言，“未来 5 年”(2000 年)，“可穿戴设备可能会成为消费品中增长最快的部分”。事实上，可穿戴设备最近两三年才成为引人注目的话题，而且雷声大雨点小。

好技术、好产品、好市场之间的距离常常是似近还远，有时还会是“望山跑死马”，确定时间点的难度远大于预见大趋势的难度。一个初现端倪的市场在到达“奇点”之前，其进展的速度往往慢得让很多人丧失耐心和兴致，只有极少数在奇点临近时痴心不改并且幸运地熬过信心和耐心考验的坚守者，方能赢得“大爆炸”的市场机会。

从事软件开发的人常常会遇到这样的情形：“我们已经完成了项目的 90%，接下来我们要完成剩下的 90%。”相对可控的微观层面也会出现日程滑坡，宏观层面的不确定性更是不言而喻了。尼葛洛庞帝是技术专家，不管他是否意识到，他对技术产品和产业的预言都是从技术角度出发，而产业的形成和发展，常常是技术、商业生态、产业政策多种因素相互作用和制约的结果。技术提供了可能性，但技术不能信马由缰，而且技术本身的发展也越来越呈现为非匀速、非确定性。在一个不确定性成为常态的时代，确定地预言未来的风险性越来越大。

但我们并不能因此而放弃预见未来，抵制关于未来的预言。不管承认不承认，人在当下所做的一切，都是基于对未来的某种预判，即使我们明知未来充满不确定性。只不过，这样的预判是需要快速迭代（短周期的、持续不断的微调）的。快速迭代是在不确定时代化解确定性与不确定性、战略短视症与战略远视症的有效工具。它既是一种方法论，也是一种世界观，它让我们在 VUCA（Volatility，Uncertainty，Complexity，Ambiguity，即波动性、不确定性、复杂性和模糊性）的雾霾中感知未来，让我们保持预判的同时调校预判，又在随机应变中葆有确信。

从卜筮问天到大数据技术，人类对预见未来的渴求从未改变。然而"先知"的角色一直是尴尬的——既受到推崇和追捧，又受到冷落和排斥。特洛伊公主卡桑德拉被宙斯赋予预言未来的能力，同时又受到宙斯的诅咒——她所预言的都是真的，但她的预言都不被相信。预言是一种资源（而且常常是并不稀缺的资源），但相信预言是一种能力——如何相信、如何对待预言。平庸和懒惰让我们相信——进而唾骂——算命先生"铁嘴直断"的预言，困难而且真正值得做的是从预言中提炼出属于我们自己的答案。这需要智慧、勇气和毅力。预言是一段包含各种颜色的光谱，一端是常人一听就懂的常识，另一端是让梦想家着迷的幻想，前者是廉价的，后者是危险的。在二者之间，隐藏着关于未来的、只对独具慧眼者显现的秘密。重要的不在于预言者说出了什么，而在于预言有意无意地透露了什么信息，而在于它提供了怎样的知识和体验的视角，以便我们构想我们自己的剧本。

二

重要的是，尼葛洛庞帝在谈论“全息式助理”和“可穿戴设备”的时候到底在谈论什么？这是我们 20 年前读他的书最容易忽略的。我们一直把他当作是所谓“互联网时代”或“信息时代”的预言家，而他从一开始就不是，尽管他花不少篇幅谈了比特与原子的区别，谈了环状结构的电视网与星状结构的互联网之间的不同，谈了互联网对物理空间的消解导致社会、民族、国家形态和地位的巨变。但这本书并不是为当时刚刚兴起的网络大潮而写。20 年后重读此书，我注意到了这段话：

还有很重要的一点，就是要认清界面代理人的构想和目前大众对互联网络的狂热以及用 Mosaic 浏览互联网络的方式之间存在着很大的不同。网络黑客可以在这种新媒体上冲浪、探索知识的海洋、沉溺于各种各样崭新的社交方式。这种环球同此凉热的互联网络发烧现象不会减轻或消退，但它只是行为的一种而已，更像在直接操纵，而不是授权代理。

相对于“直接操纵”的上网行为，作者更关心的是“界面代理人的构想”。二者之间的差别何在？

兴起于 20 世纪 90 年代初期的互联网，其基本功能是信息的传输和连接，互联网产业理所当然地被当作信息产业。而事实上，信息的互联互通只是互联网最直观的表象。当移动互联网逐渐将传统互联网（以 PC 为终端）边缘化的时候，人们才逐渐意识到互联网与其说是信息的传输，不如说是人与人的连接。传输、搜寻、获取信息只是手段，比信息重要的是我们用信息来做什么，最重要的，是无须我们去做，有人（代理人）来帮我们来做。

比如说，我们在谷歌（搜索引擎）上输入一个地名时，马上会得到与这个词有关（包括许多我并不需要的信息）的各种信息，我必须调动我的智能来筛选、识别出我真正需要的信息。我搜索一个地名的直接目的是去那个地方，所以我还得把这些信息在我的头脑里还原为一幅地图。如果我是在地图（谷歌地图）上搜索，得到的信息就更直观了，更有助于我驾车到达那个地方。但如果这不只是一幅地图，而是能一路上导引我驾驶的导航应用（谷歌导航）就更好了。这还不够。最理想的是，如果我完全不用开车，而只需告诉我的汽车（谷歌无人驾驶汽车）我要去那个地方，它就把我送到那个地方。

从搜索引擎到无人驾驶汽车，这是一个信息（information）的功能份额递减，而智能（intelligence）的功能份额递增的过程。换言之，这是一个从“直接操纵”到“授权代理”的过程。

20 年后再来读《数字化生存》，我终于明白了尼葛洛庞帝在书中特别强调，而让读者觉得突兀甚至大惑不解的概念——“后信息时代”。记得当年尼葛洛庞帝在北京演讲时，有一个听众向他提了一个问题：“中国今天刚刚说要迈进信息时代，你却在讲什么后信息时代，你的理论对中国有指导意义吗？你的后信息时代到底是指什么？”由于我当时与提问者有相同的质疑和不认可，对尼葛洛庞帝的回答完全没听懂，所以现在一句也记不起来。到了今天，我可以大致想象尼氏当时说了些什么话，因为在《数字化生存》中，对于人类（当时）正在进入的是后信息时代而不是信息时代，已经讲得很清楚了。

“大家都热衷于讨论从工业时代到后工业时代或信息时代的转变，以致一直没有注意到我们已经进入了后信息时代。”在他看来，在后信息时代里，人们并非不再需要信息，相反，人们对信息的需求更加迫切，只不过，他们需要的不是数量巨大但相当粗放、个人针对性甚微的信息。比如说，人们还会需要看新闻，但既非在电视上、报纸上看新闻，也不是“上网”去看新闻，而是通过私家编辑（智能传输端）或私人秘书（智能接收端）来获取新闻。前者“就好比《纽约时报》根据你的兴趣，为你度身定制报纸”。后者是一种智能筛选系统，好像是对你个人兴趣（包括隐秘的偏好）了然于胸的私人秘书，“根据你的兴趣、习惯或当天的计划，从中撷取你想要的部分”。

在这里，最重要的（当然也是最难的）不是信息，而是智能——对个人需求的深度认知，并基于这种认知进而对信息进行的精准识别：

在后信息时代中，大众传播的受众往往只是单独一人。所有商品都可以订购，信息变得极端个人化……当传媒掌握了我的地址、婚姻状况、年龄、收入、驾驶的汽车品牌、购物习惯、饮酒嗜好和纳税状况时，它也就掌握了“我”……在数字化生存的情况下，我就是“我”，而不是人口统计学中的一个“子集”。

说得更直接些，在信息、产品、服务变得“极端个人化”的后信息时代，每个人无论何时何地都拥有极度善解人意的“代理人”。“真正的个人化时代已经来临了。这回我们谈的不只是要选什么汉堡佐料那么简单，在后信息时代里机器与人就好比人与人之间因经年累月而熟识一样：机器对人的了解程度和人与人之间的默契不相上下，它甚至连你的一些怪癖（比如总是穿蓝色条纹的衬衫）以及生命中的偶发事件，都能了如指掌。”

这样的话，所谓“信息产业”的主要任务不再是生产和传输信息，它更像是“裁缝业务”，以信息为原材料，量身定制各种产品和服务。“下一个10年的挑战将远远不止是为人们提供更大的屏幕、更好的音质和更易使用的图形输入装置；这一挑战将是，让计算机认识你，懂得你的需求、了解你的言辞、表情和肢体语言。”设计问题将变得前所未有地重要，但这种设计远不同于通常的工业设计，而是围绕设备如何善解人意而展开的界面设计。“无论你把计算机应用在什么地方，都必须把丰富的感应能力和机器的智能两者的力量结合起来,才能产生最有效的界面设计。”

三

20 年前读《数字化生存》，颇为不解的是作者如此关注界面这样一个“面子”（边缘）问题而不是像计算机的算法、性能等“里子”（核心）问题，现在明白了：界面绝非一种外在装饰和表现，唯有“慧于中”的内核方能呈现为“秀于外”的界面，要实现真正的人性化界面，计算机必须拥有灵敏的感应能力和强大的智能。

但我们尴尬地发现，今天的计算机（包括手机）与 20 年前的计算机并没有太大的改善。所谓“智能终端”的智能程度低得可以忽略不计。它们仍然是需要我们费劲地操作才能执行命令的工具，而不是主动感应、识别我们的意图、不动声色地为我们提供服务的机器仆人、电子秘书。正如尼葛洛庞帝说的,从某个角度看,计算机的智能化程度甚至比不上“装了传感器的现代盥洗室”——当我们夜里走近盥洗室的门的时候，里面柔和的灯光就自动亮起来。而计算机（包括今天的智能手机）远没有这样贴心，这样“有眼力劲儿”，它们仍然需要我们用键盘、鼠标、手势来费劲地下达命令，我们与它们朝夕相处，但它们对我们了解和体贴微乎其微。换言之，它们仍然是冷冰冰的机器，而不是有温度的“代理人”。

“我对界面的梦想是，计算机将变得更像人。”计算机将具有对人的识别能力。每个人的脸其实是他的“显示设备”，其他人能够从你的“显示设备”快速地解读出你的需求和意图，并随之做出反应。所谓计算机变得更像人，就是让计算机与人通过彼此的“脸”（“界面”的本义即“交互的脸”，Interface）进行顺畅的沟通和交流，使“人与计算机的对话就像人与人之间的谈话一样容易”。

尼葛洛庞帝把他想象中的真正具有人性化界面的智能设备比作“老练的英国管家”。这样的管家能替你“接电话，识别来话人，在适当的时候才来打扰你，甚至能替你编造善意的谎言。这位代理人在掌握时间上是一把好手，善于把时机拿捏得恰到好处，而且懂得尊重你的癖好”。应该说，这样的管家不是一个具体的代理人，而是一个“代理人系统”。你今天早晨要坐的航班晚点了，这个代理人系统能够在第一时间获知这个信息，并自动改变你的闹钟设置，根据实时的路况确定你出发到机场的时间并约好车准时接你，你坐上车上时代理人系统已经悄悄地帮你办好了值机。它是你的管家，也是你的私人秘书，在各种场景下卓有成效地代表你去完成你授权给它的种种事务。这样的秘书的智能性不仅仅在于它有高智商，而在于你与它之间有深度的共识，它能时刻“为你的最佳利益着想”，它拥有一种“爱因斯坦也比不了”的高智能。

四

高智能与高智商有什么实质性的不同呢？说得通俗点，二者的不同相当于情商与智商的差别。我们在选择管家和秘书的时候，真正看重的是其情商而不是智商，因为你在与他相处时的体验的优劣取决于你与他之间的默契——无非明示的无缝沟通和协同。信息传输的硬条件是信息量（比特数）和带宽，二者决定了信息传输的效率，但比效率（efficiency）更重要的是效果（effectiveness）。

尼葛洛庞帝讲到了一个假设的场景。他和妻子与另个四个人一起吃饭，大家谈到了某个人，谈得好不热闹，说到某件事的时候，他向坐在对面的妻子眨了眨眼，她的妻子心领神会地点了点头。有一个人注意到了，饭后就问他当时眨眼提示妻子什么事情。尼氏告诉他，他们夫妇俩正好头一天晚上与他们谈到的这个人吃饭，了解到这个人的很多事，但他们之间的沟通只需要一个眼神。他想说的是:“传输者(我)和接收者(我太太)有共同的知识基础,因此我们可以采用简略的方式沟通……当你问我,我和她交流了什么时,我不得不把所有的 10 万比特全部传送给你。”人性化界面要解决的,是如何用 1 比特的带宽占用传递 10 万比特的内容,如何做到“心有灵犀一点通”,实现沟通的高效能。

由此可见,沟通核心不是信息(information),而是智能(intelligence)。尼葛洛庞帝所说的“后信息时代”,其实就是“智能时代”:

当我谈到界面代理人时,经常有人问我:“你指的是人工智能吗?”答案是“没错”。

但是这个问题中夹杂着些微的怀疑,主要是因为过去人工智能给人们许多虚无的希望和过高的承诺。此外,很多人对机器能够拥有智慧这样的观念,仍然深感不安。

计算机科学在发展中不知觉中剑走偏锋了——沉溺于计算和信息处理,而将智能置之脑后。图灵首创了“机器智能”的概念,在他的设想中,计算机器要完成的任务是“智能”,而不仅仅是信息处理。衡量计算能力的标准,不是计算机如何高效率地生产和处理信息,而是实现智能。后来,明斯基等人工智能的先驱关心的仍然是认知和识别,如何识别文本,了解情绪,欣赏幽默,以及从一组隐喻推出另一组隐喻。也就是说,如何让计算机具有“人情味”,具备人的常识。一个能以高速运行的计算机能够高效地处理信息,但却分辨不出猫与狗这两种动物,而一个三四岁的孩子尽管不知道猫和狗的定义,不了解猫狗差别的关键数据,但他具有计算机不具备的能力——直觉,仅凭直觉(而不是计算和推理),他就能做出判断。

与机算机相比，一个三四岁的孩子还有巨大的优势：他是通过“并行信道”（手势、眼神、脸色、说话语气等多种“语言”）来与他人进行沟通的——说不清楚时可以“比画”清楚，听不明白可以看明白。事实上，成人之间最有效、最默契的沟通也是通过“并行信道”（察言观色、随机应变）来实现的。尼葛洛庞帝说，假如你只会讲一点点意大利语，和意大利人通电话将会非常辛苦。但当你住进一家意大利旅馆，发现房间里没有香皂时，你连说带比画，就能让服务生把香皂给你。他是在提醒我们，以高性能的计算能力、高带宽的传输能力为目标的信息技术并不能为我们高便利地服务。论单纯的计算能力，智商最高的人也比不过一个普通的计算器，但若论包括常识、直觉、并行信道沟通、模仿式学习，最先进的计算机还是学龄前儿童，所以，代信息时代而起的，一定是智能时代。

五

从 1776 年瓦特发明蒸汽机至今，人类一直用技术在再造我们的世界。物质、能量和信息构成了我们的世界。蒸汽机解决了物质在物理空间的自由移动，这是第一次工业革命，以蒸汽机为代表的技术可以称之为“老 IT”（Industry Tech，工业技术）。电气（发电和电子传输）技术解决了能量的自由移动，也部分地解决了信息的自由移动（如电报、电话、广播电视），这是第二次工业革命。以互联网为代表的技术彻底解决了信息的自由移动，这是第三次工业革命，这类技术可以称为“旧 IT”（ Information Tech，信息技术）。无论是“老 IT”还是“旧 IT”，都是在消除物理空间距离，即解决因“身无彩凤双飞翼”而导致的空间阻隔问题，这些技术是对人的体力、感官能力（如听力、视力）的延伸，也部分地解决了人的脑力的延伸（通过计算机）。现在我们正处于第四次工业革命的早期，在物理的距离消除之后，人类开始试图消除人与机器的心理距离——赋予死板、冰冷的机器以智能（而不是单纯的计算能力）和“温度”，让人与机器在整体智能层面上进行平等、无障碍的沟通，这种技术可以称为“新 IT”（Inteligence Technology，智能技术），在人与机器之间实现“心有灵犀一点通”。

这就是尼葛洛庞帝所预言的、我们已经进入的“后信息时代”。这本 20 年前写的书，就是关于“新 IT”时代，即智能时代的说明书。

（吴伯凡　汕头大学长江新闻与传播学院教授，国际互联网研究院研究员）

译者前言

预测未来的最好办法

大约 3 年前，本书的作者尼古拉·尼葛洛庞帝教授发现，美国许多 10～15 岁的青少年订阅《连线》杂志（*Wired*）作为送给父母亲的圣诞礼物。这种现象深深打动了他。

因为这些孩子是用他们的行动在说："爸爸妈妈，这本杂志谈的就是我的世界，你们了解吗？你们不想进来看一看吗？"

由此，尼葛洛庞帝决定为这些爸爸妈妈们写一本非技术性的、关于数字化时代的书，描绘数字新世界的各种面貌。

我们习以为常的生活方式，正面临着哪些冲击？

善于运用计算机的新一代，将置身于什么样的生活环境？

这就是尼葛洛庞帝试图通过《数字化生存》一书所回答的问题。此书一经出版便成为畅销书，事实上，不少青年购买它，就是为了送给父母看。所有为数字化而焦虑、担心跟不上日新月异的技术发展步伐的人都不妨读一读这本书，因为从广义上说，此书也是为他们而写的。

尼葛洛庞帝把《连线》杂志誉为“数字化生活方式杂志”，因为它的读者不仅仅希望了解有关数字化理论和设备的知识，更希望获取有关数字化生活方式和数字化一族的信息。有趣的是，尼葛洛庞帝自己成为这本杂志最受欢迎的专栏作家，也是缘于他儿子的推荐介绍。而本书基本上是根据尼葛洛庞帝几年来发表在《连线》上的专栏文章综合而成的。

尼葛洛庞帝断定，当听到一个成年人说，他最近发现了光盘的新天地时，他家中一定有一个5～10岁的孩子。而如果一位女士说，她刚刚知道了计算机网络是怎么回事，她的孩子一定正值花季。因为“在今天的孩童眼中，光盘和网络就好像成人眼中的空气一般稀松平常”。

所以，在尼葛洛庞帝看来，尽管许多人担心信息技术会加剧社会的两极分化，使社会日益分裂为信息富裕者和信息匮乏者、富人和穷人，乃至第一世界和第三世界，但最大的鸿沟将横亘于两代人之间。当孩子们霸占了全球信息资源时，需要努力学习、迎头赶上的，是成年人。

人类的每一代都会比上一代更加数字化。在今天的数字化环境中，新的一代正脱颖而出，完全摆脱了许多传统的偏见。如果你不想与时代脱节，就必须重新开始学习生活，去深刻把握“数字化生存”的含义。

“计算不再只和计算机有关，它决定我们的生存。”尼葛洛庞帝在本书前言中开宗明义地写道。贯穿本书的一个核心思想是，比特，作为“信息的正迅速取代原子而成为人类社会的基本要素”。

比特与原子遵循着完全不同的法则。比特没有重量，易于复制，可以以极快的速度传播。在它传播时，时空障碍完全消失。原子只能由有限的人使用，使用的人越多，其价值越低；比特可以由无限的人使用，使用的人越多，其价值越高。

信息也许仍然是以报纸、杂志的形式（原子）传播的，但其真正的价值却在于内容（比特）。我们仍然用金钱（原子）来购买物品与服务，但是世界范围内的资金流——每天数以万亿计——却是通过电子计算机控制的电子资金转账系统（比特）来实现的。现行社会的种种模式正在迅速转变，形成一个以“比特”为思考基础的新格局。作者甚至宣称，“后信息时代”已经悄悄来临。

工业时代可以说是原子的时代，它带来的是机器化大生产的观念，以及在任何一个特定的时间和地点以统一的标准化方式重复生产的经济形态。信息时代，也就是计算机时代，显现了相同的经济规模，但时空与经济的相关性减弱了。无论何时何地，人们都能制造比特。

而后信息时代的根本特征，是“真正的个人化”。这里的个化，不仅仅是指个人选择的丰富化，而且还包含了人与各种环境之间恰如其分的配合。其间，机器扮演的角色是使这种配合能够接近过去没有机器时的自然与和谐。这就要求机器对人的了解程度和人与人之间的默契不相上下。人不再被物役，而是物为人所役。在科技的应用上，人再度回归到个人的自然与独立，不再只是人口统计学中的一个单位。

信息技术的革命将把受制于键盘和显示器的计算机解放出来，使之成为我们能够相互交谈、共同旅行，能够抚摸甚至能够穿戴的对象。这些发展将改变我们的学习方式、工作方式、娱乐方式——一句话，我们的生活方式。

而最明显的生活转变，将从我们每日接触的大众传媒开始。未来的信息传播者，将根本不知道所传播的比特最终将以何种面貌呈现，是影像、声音还是印刷品，决定权将完全操之于你——信息的接收者手中。从前所说的“大众”传媒正演变为个人化的双向交流，信息不再被“推给”（push）消费者，相反，人们（或他们的计算机）将把所需要的信息“拉出来”（pull），并参与到创造信息的活动中。

这一变化的意义长久而深远。媒介不再是信息（The medium is no longer the message）。自从加拿大传播理论家马歇尔·麦克卢汉（Marshall McLuhan）在20世纪60年代出版了他的经典之作《理解媒介：人的延伸》以来，公众竭力试图理解电子时代信息产业的发展。然而，这么多年中，还没有另一部著作像《数字化生存》这样，在如此宽广的层面上启发我们对今日世界和它的奇妙未来的认识。

美国麻省理工学院（Massachusettes Institute of Technology，MIT）校园的一角，静静矗立着建筑大师贝聿铭（I.M.Pei）设计的一栋典雅的白色建筑。走进这座建筑，恍若置身于奇妙的未来世界，呈现在眼前的是电子控制的各种声光设备、可穿戴在身上的计算机，或如幽灵般悬浮在空中的立体影像……空气中弥漫着一股不可遏止的创新活力，更跳动着数字时代的脉搏。

这就是被称为“创造未来的实验室”的“媒体实验室”（Media Lab）。

11年前，一群被正统计算机科学界排拒在外的研究人员自成一派，创办了媒体实验室，并且形成了计算机科学界的非主流文化。他们相信，就好像19世纪的钢铁生产和20世纪初的电力发展一样，未来的关键科技将是人与计算机之间的互动能力。这群人中有计算机专家、音乐家、艺术家、建筑家、物理学家、数学家、心理学家和大众传播专家，研究的领域横跨数字电视、全息成像、计算机音乐、电子出版、人工智能、计算机视觉艺术、人机界面设计以及未来教育等。维系他们的不是共同的学术背景，而是一致的信念：无所不在的计算机将不仅会改变科学发展的面貌，而且会大大影响我们生活的每一层面。

媒体实验室的宗旨是：不为当前技术所限，发明和创造性地利用新的媒体，以改善人类生活和满足个人需要。今天，媒体实验室利用超级计算机和新奇的人机交互设备进行实验，正是为了使之成为明日人们日常生活中平平常常的东西。媒体实验室的一个不那么隐讳的日程是，以崭新的洞见和突破性的应用来推动技术发明，打破工程僵局。人工智能的鼻祖之一马文·明斯基（Marvin Minsky）就在媒体实验室从事研究。今日被各种新闻媒体炒得火热的多媒体，其思想的重要发源地正是媒体实验室。

11 年后的今天，媒体实验室已经成为全美最著名的研究机构之一，几乎美国所有的重要期刊或电视科学节目，都介绍过这个实验室。无数的观众跟随着摄像机的镜头，见识到了眼球跟踪器、电子乐器、虚拟现实等新科技，甚至连一本叫《媒体实验室》的书都曾掀起购买热潮。

而多媒体科技和人性化界面的蓬勃发展，更令媒体实验室多年来融合艺术与工程的努力备受瞩目。今天，媒体实验室的赞助者遍布全球，共有 75 家，包括计算机、通信、娱乐公司如苹果(Apple)、美国电话电报公司（AR&T）；新闻媒体如《纽约时报》（*The New York Times*）和美国广播公司（American Broadcasting Corporation，ABC）；甚至政府机构。昔日的非主流文化已经摇身一变，成为今天的主流文化。

领导这股风潮的正是媒体实验室创办人兼主任、本书的作者尼葛洛庞帝。尼葛洛庞帝从小就醉心于艺术和数学。大学时代，他原本主修建筑，进入研究所之后，却因为从事计算机辅助设计的研究，而一头栽进了计算机科学的领域，无法自拔。此后，尼葛洛庞帝一直处在计算机与大众传播科技领域的最前沿，在不断宣扬科技进步的同时，不忘对人的深度关怀，被称为“数字革命的传教士”。

尼葛洛庞帝不仅宣扬数字革命，他自己的生活就堪称一种“数字化生存”。

他在麻省理工学院没有自己的办公室，很少打电话，更不用说在纸上写信了。每天深夜花几个小时处理电子邮件，就好像早上起床吃早餐一样，是他日常生活的一部分。他每年都旅行 30 万英里，飞往全球各地发表演讲，参加研讨会，或为各国政要及企业提供咨询。旅行时，他总是随身携带数磅重的电池，占据 1/4 行李箱的各种插头、插座和一部笔记本电脑。电子通信设备为他串连起麻省理工学院、他在希腊帕特摩岛的家以及他当时所在的任一地方。

对尼葛洛庞帝而言，数字化生存使他挣脱了时间、空间的限制和“原子”的束缚，得以遨游更为广阔的世界，接触更广泛的人群。

数字化生存代表的是一种生活方式、生活态度以及每时每刻都与计算机为伍。尼葛洛庞帝说：“在广大浩瀚的宇宙中，数字化生存能使每个人变得更容易接近，让弱小孤寂者也能发出他们的心声。”

既然我们的生存环境正变得越来越数字化，那么，为什么还要出书呢？书不过是一种过时的原子罢了。作者显然意识到有人会提出这种质疑，因而把本书的前言命名为“一本书的悖论”。明知有悖常理却仍然要写作这部书，尼葛洛庞帝给出了三条理由。

事实上，印刷媒介与电子媒介的争斗，注定要成为信息时代最引人注目的现象之一。直到电子媒介发出挑战以前，书籍一直是大多数社会用以审视自身的核心工具。也许这就是为什么计算机业巨子比尔·盖茨(Bill Gates)要选择传统的出书方式来表达他对信息革命的看法的原因(他在 1995 年出版了《未来之路》)。

在这一争夺战中，发生了一件具有重要意义的事情，但却还鲜为人所注意。1995 年，电子百科全书的销量已经超过了用纸张印刷的百科全书的销量。人类获取知识和经验的途径正在发生根本改变。我们的生存，日益离不开“电子面条”的滋养。对于这一点，也许没有人比今天的教师和家长体会更深：他们十分清楚地知道，自己面对的是伴随着电视和计算机而成长的新一代。可惜的是，除了他们，仍有不少人无视“数字一族”的存在。

从这一点出发，本书的出版，乃至被翻译介绍给广大中国读者的过程，都不会构成悖论。因为，正如作者曾经说过的那样，年纪比较大的人感谢本书描绘了他们的孩子正在做或以后将要做的事情；年纪轻一点的人会为他们的生活方式得到理解和印证而振奋；年纪更小的人则可以及早开始新的梦想，因为他们才是后信息社会的真正主人。

翻译本书的过程，也是我们学习的过程。有时候，回想一下技术变迁的历史进程是很有意思的。约翰·谷登堡（Johann Gutenberg）15世纪在欧洲发明活字印刷术后，又过了一个多世纪，很多人仍然认为只有手稿才是有价值的，它的艺术魅力是印刷书籍根本无法匹敌的。意大利文艺复兴运动的领袖人物之一费德里戈·达·蒙泰菲尔罗（Federigo da Montefelerto）就说过，拥有印刷出来的书籍会让他感到羞愧。正是这种态度把人们同新的创见、新的技术隔离开来。由此，我们时刻提醒自己：不要让蒙昧的灰尘迷住双眼。

然而，提起这件往事，并不是想证明我们是坚定的技术信仰者。信息技术，不管其今天的成就有多么巨大，不管人们对之有多么惊奇，仍然远远落后于人脑的潜力。有研究表明，一个正常的人类大脑，其神经元之间的联系有10^{15}条，这比过去10年中，所有美国人打的电话还多。

人脑的可能性，至少目前为止，还远胜于电脑的可能性。也许人类应该做的是在对技术的信仰和对人类自身的信仰之间，寻找一个平衡的支点。

无疑的，尼葛洛庞帝是一位优秀的未来学家。但在我们看来，他最出色的贡献不是这本书，而是一句话:“预测未来的最好办法就是把它创造出来。”(The best way to predict the future is to invent it.)

胡　泳　范海燕

1996 年 7 月于北京中关村

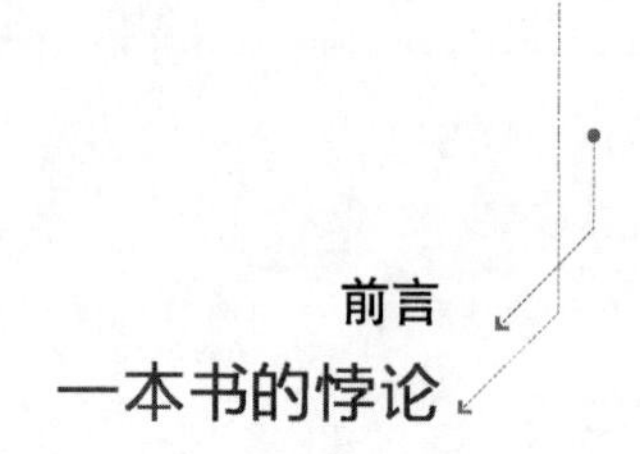

前言

一本书的悖论

由于诵读困难症的困扰，我从来不喜欢阅读。孩提时代，我常常把时间花在阅读火车时刻表，而不是古典名著上。我也很喜欢把欧洲的一个个偏远小镇，在脑海中完美地联成一张网。因为这种癖好，我对欧洲地理了如指掌。

30 年后，作为麻省理工学院媒体实验室主任，我发现自己身处全美一场激烈争论的中心,这一争论的焦点是该不该把大学研究出来的技术，转让给外国公司。我很快就应邀参加了两次产业和政府间会议，一次在佛罗里达（Florida），另一次则是在加利福尼亚（California）。

两次会议中，会场的饮料都是一公升玻璃瓶装的依云（Evian）矿泉水。和其他与会者不同的是，由于自幼勤读火车时刻表，我非常清楚依云的地理位置：位于法国的依云距离大西洋超过 500 英里。因此这些厚重的玻璃瓶必须穿越 1/3 的欧洲大陆，再横渡大西洋，才能到达我们手中。而假如开会地点在加州，玻璃瓶还得再跋涉 3000 英里的路程。

于是，我们一方面热烈讨论如何保护美国计算机工业和电子科技的竞争力，另一方面却连这种在美国本土举行的会议中，都没有办法供应美国出产的饮用水。

今天，在我眼里，这个依云矿泉水的故事并不代表法、美之间的矿泉水之争，而是说明了原子（atom）与比特（bit）之间的根本差异。

传统的世界贸易由原子之间的交换组成。以依云矿泉水为例，我们用缓慢、辛苦而昂贵的方式，耗费很长时间，把大量笨重而缺乏生气的“质量”（mass）——也就是“原子”——运送到千里之外。经过海关的时候，你需要申报的是原子而不是比特。即使是采用数字录音方式制作的音乐，都以塑料光盘（Compact Disc，CD）的形式发行，无论在包装、运送还是库存上的成本，都相当可观。

这一切都在发生急剧的变化。过去，大部分的信息都经过人的缓慢处理，以书籍、杂志、报纸和录像带的形式呈现；而这，很快将被即时而廉价的电子数据传输所取代。这种传输将以光速来进行。在新的形式中，信息将成为举世共享的资源。托马斯·杰斐逊（Thomas Jefferson）[1]曾推动了图书馆概念的发展，主张人民有权免费查阅图书资料。但是这位美国开国元勋绝对料想不到，200 年后，2000 万人居然可以凭借电子手段进入数字图书馆，免费从那里撷取资料。

从原子到比特的飞跃已是势不可当、无法逆转。

奔向临界点

这一切为什么会发生在今天？因为变革是呈指数发展的——昨天

[1] 托马斯·杰斐逊（1743—1826），美国第三任总统，《独立宣言》主要起草人。

的小小差异，可能会导致明日突发的剧变。

孩提时，你有没有解过这样一道算术题——假设你工作一个月，第一天挣一分钱，此后每天挣的钱都比前一天增加一倍，最后能挣多少钱？假如你从新年的第一天起开始实施这个美妙的挣钱方案，到了1月的最后一天，你在这一天挣的钱会超过1000万元。算术题的这一部分大多数人都还记得，但大家没有认识到的是，采取这种工资结构以后，假如1月短少了3天（就好像2月的情况），那么到了月底的那一天，你只能挣到130万元。换句话说，你在整个2月的累积收入大约是260万元，远远不如有31天的1月所赚到的2100万元。也就是说，当事物呈指数增长的时候，最后3天的意义非比寻常。

而在计算机和数字通信的发展上，我们正在逐步接近这最后的3天！

计算机正以同样的指数增长形态，进入我们的日常生活之中。目前，35%的美国家庭拥有计算机，而且，一半的青少年，家里有个人计算机。据估计，3000万人加入了互联网络（Internet）；1994年全球卖出的新计算机中，65%进入了家庭；今年将要卖出的新计算机中，90%将带有调制解调器[2]或光盘驱动器（CD-ROM drive）。这些数字还不包括1995年每辆汽车上平均安装的50个微处理器（microprocessor），或是那些在你的烤箱、恒温器、电话应答系统、激光唱机和问候卡中的微处理器。假如你觉得我说的数字有误，敬请稍安勿躁。

---

[2] modem，是由modulator（调制器）和demodulator（解调器）两个词缩合而来的。它将来自计算机的数字数据转换成可在远程通信线路上传输的模拟信号，并且可将接收到的模拟信号再转换成数字数据送给计算机。

生存的新定义

这些数字增长的速度十分惊人。一种用来浏览互联网络的计算机程序 Mosaic[3]在 1993 年 2 月到 12 月，每周的使用增长率都超过 11%。使用互联网络的人每月增加 10%。如果照这个速度持续发展的话（这几乎是不可能的），到 2003 年整个互联网络的用户数将超出地球总人口数。

有些人担心，社会将因此分裂为不同的阵营：信息富裕者和信息匮乏者、富人和穷人，以及第一世界和第三世界。但真正的文化差距其实会出现在世代之间。当一个成年人说，他最近发现了光盘的新天地时，我可以猜得出他有一个 5～10 岁的孩子；当一位女士告诉我，她知道了美国联机公司（America Online）[4]时，也许她家中的孩子正值花季。前者（光盘）是一本电子书，而后者（网络）则是一种社交手段。在今天的孩童眼中，光盘和网络就好像成人眼中的空气一般稀松平常。

计算不再只和计算机有关，它决定我们的生存。庞大的中央计算机——所谓“主机”（mainframe）——几乎在全球各地，都向个人计算机俯首称臣。我们看到计算机离开了装有空调的大房子，挪进了书房，放到了办公桌上，现在又跑到了我们的膝盖上和衣兜里。不过，还没完。

下一个 1000 年的初期，你的左右袖扣或耳环将能通过低轨卫星（low-orbiting satellite）互相通信，并比你现在的个人计算机拥有更强的计算能力。你的电话将不会再不分青红皂白地胡乱响铃，它会像一位训

---

[3] Mosaic 意为“马赛克”，它提供了一种多媒体图形界面，可用以浏览环球网上的超文本文件。

[4] 美国联机公司、奇迹公司（Prodigy）与计算机服务公司（CompuServe）是美国三大计算机商业网。

练有素的英国管家，接收、分拣，甚至回答打来的电话。大众传媒将被重新定义为发送和接收个人化信息和娱乐的系统。学校将会改头换面，变得更像博物馆和游乐场，孩子们在其中集思广益，并与世界各地的同龄人相互交流。地球这个数字化的行星在人们的感觉中，会变得仿佛只有针尖般大小。

我们经由计算机网络相连时，民族国家的许多价值观将会改变，让位于大大小小的电子社区的价值观。我们将拥有数字化的邻居，在这一交往环境中，物理空间变得无关紧要，而时间所扮演的角色也会迥然不同。20 年后，当你从视窗中向外眺望时，你也许可以看到距离 5000 英里和 6 个时区以外的景象。你观看的电视节目长达 1 小时，但把它传送到你家中所需的时间也许不到 1 秒钟。阅读有关巴塔哥尼亚高原（patogonia）[5]的材料时，你会体验到身临其境的感觉。你一边欣赏威廉 · 巴克利（William Buckley）[6]的作品，一边可能和作者直接对话。

出书的悖论

那么，我为什么还要用古板的老办法出书，而且是一本没有一张插图的书呢？为什么克诺夫出版社（Alfrde A.Knopf）还要把《数字化生存》作为原子而不是比特来发行呢？和依云矿泉水不同的是，这本书的每一页都可以轻易地转化为数字形式，而它原本也是从数字化世界中来的。

我这么做有三个原因。第一个原因是，无论是企业管理人员、政治

[5] 位于南美东南部，北起科罗拉多河，南迄麦哲伦海峡。

[6] 威廉 • 巴克利（1925—2008），美保守派政论家，办有《国民评论》（*National Review*）杂志。

家、家长，或所有需要了解这种数字新文化的人，手中都没有足够的数字媒介。尽管在有些地方，计算机已经无所不在，目前的界面（interface）却仍然原始而笨拙，还没能发展到像你所希望的、即便蜷缩在床上也能使用的地步。

第二个原因是，我在《连线》月刊上开辟了一个个人专栏，这家杂志迅速而惊人的成功表明，有一大批读者迫切希望了解有关数字化生活方式和数字化一族的信息，而不仅仅是有关数字化理论和设备的知识。几年来，我的专栏得到了许多发人深省的反馈，我决定重新思考过去发表过的文章的主题，因为即便这些文章问世时间尚短，有许多变化已使它们显得过时。这些变化包括计算机制图（computer graphics）、人类通信（human communications）和互动式多媒体（interactive multimedia）等全新系统的产生。

第三个原因是，比较个人化，略带点苦修意味。互动式多媒体留下的想象空间极为有限。像一部好莱坞电影一样，多媒体的表现方式太过具体，因此越来越难找到想象力挥洒的空间。相反地，文字能够激发意象和隐喻，使读者能够从想象和经验中衍生出丰富的意义。阅读小说的时候，是你赋予它声音、颜色和动感。我相信要真正感受和领会“数字化”对你生活的意义，也同样需要个人经验的延伸。

我期待各位真正把这本书“读进去”。尽管我本人并不是那么喜欢读书的人。

Part 1 比特的时代

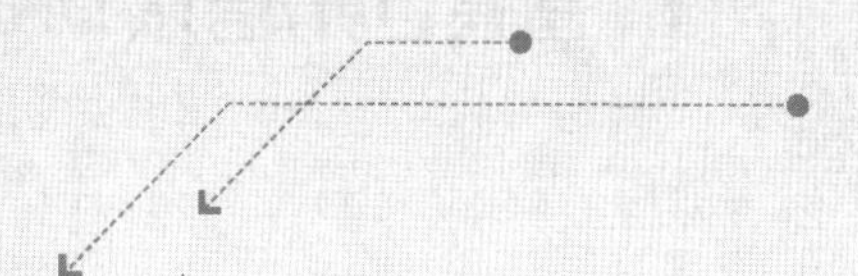

Part 1

比特的时代

b e i n g　d i g i t a l

1. 重建世界/信息 DNA

比特和原子

要了解“数字化生存”的价值和影响，最好的办法就是思考“比特”和“原子”的差异。虽然我们毫无疑问地生活在信息时代，但大多数信息却是以原子的形式散发的，如报纸、杂志和书籍（像这本书）。我们的经济也许正在向信息经济转移，但在衡量贸易规模和记录财政收支时，我们脑海里浮现的仍然是一大堆原子。关贸总协定（General Agreement on Tariffs and Trade，GATT）是完全围绕原子而展开的。

最近，我参观了一家公司的总部，这家公司是美国最大的集成电路（integrated circuit）制造商之一。在前台办理登记的时候，接待员问我有没有随身携带膝上型计算机（laptop）。我当然带了一部。于是，她问我这部计算机的机型、序号和价值都是怎样的。“大约值 100 万美元到 200 万美元吧!”我说。她回答：“不，先生，那是不可能的。你到底在说什么呀？让我瞧瞧。”我让她看了我的旧“强力笔记本”（Power

Book）[1]计算机，她估计价值在 2000 美元左右，她写下这个数字，然后才让我进去。

问题的关键是，原子不会值那么多钱，而比特却几乎是无价之宝。

不久前，我在加拿大不列颠哥伦比亚省的温哥华（Vacouver）参加了一次宝丽金公司（Poly Gram）高级经理人员的管理研习会。这次会议的目的是促进高级经理人员之间的沟通，同时让大家对公司未来一年的计划有一个整体概念，因此展示了许多即将发行的音乐作品、电影、电子游戏和摇滚乐录像带。他们委托联邦快递公司（Federal Express）把这批封装好、有重量、占体积的 CD 盘、录像带（video cassette）和只读光盘（CD-ROM）送到会场来。遗憾的是，部分包裹被海关扣了下来。同一天，在旅馆的房间里，我却利用互联网络把比特传来传去，送到麻省理工学院和世界其他地方，同时接收各地来的东西。我的比特完全不会像宝丽金的原子那样，被海关扣留。

信息高速公路化（information superhighway）的含义就是以光速在全球传输没有重量的比特。当一个个产业揽镜自问"我在数字化世界中有什么前途"时，其实，它们的前途百分之百要看它们的产品或服务能不能转化为数字形式。如果你制造的是开司米羊毛衫或是中国食品，那么要把产品转换成比特，就还有很长的路要走。要像《星际旅行》（*Star Trek*）[2]的剧中人一般，随时化为光束消逝，虽然令人神往，但恐怕几百年内都不可能实现。因此，你还是得靠联邦快递、自行车或步行，把

[1] 美国苹果电脑公司生产的颇受用户欢迎的笔记本电脑。

[2] 1966—1969 年在美国上映的一部科幻电视连续剧。

原子从一地送往另一地。这并不是说，在以原子为基础的行业中，数字技术在设计、制造、营销和管理方面，都将毫无用武之地。我只不过是说，这些行业的核心特点不会改变，而且其产品中的原子也不会转换成比特。

在信息和娱乐业中，比特和原子常常被混为一谈。书籍出版商到底属于信息传输业（传送比特），还是制造业（制造原子）呢？过去的答案是两者兼跨，但是当信息装置越来越普遍而易于使用时，这一切将很快得到改变。现在信息装置还很难（尽管不是不可能）和一本书的品质竞争。

书籍不仅印刷清晰，而且重量轻、容易翻阅，价钱也不是太贵。但是，要把书籍送到你的手中，却必须经过运输和储存等种种环节。拿教科书来说，成本中的45%是库存、运输和退货的成本。更糟的是，印刷的书籍可能会绝版（out of print）。数字化的电子书却永远不会这样，它们始终存在。

其他媒介面临的风险和机会更是近在眼前。第一批被比特取代的娱乐原子将是录像带出租点中的录像带。租借录像带有一点很不方便，就是消费者必须归还这些原子，如果你把它们随手一塞忘了归还，还得付罚款（美国录像带出租业120亿美元的营业额中，据说有30亿美元来自罚款）。由于数字化产品本身的方便性、经济上的强制驱动和管制解除等因素的共同作用，其他媒体也会迈向数字化，而且其速度将会很快。

比特究竟是什么？

比特没有颜色、尺寸或重量，能以光速传播。它就好比人体内的DNA一样，是信息的最小单位。比特是一种存在（being）的状态：开或关，真或伪，上或下，入或出，黑或白。出于实用目的，我们把比特想成“1”或“0”和0的意义要分开来谈。在早期的计算中，一串比特通常代表的是数字信息（numerical information）。

假如你数数的时候，跳过所有不含1和0的数字，得出的结果会是1、10、11、100、101、110、111，等等。这些数字在二进制中代表了1、2、3、4、5、6、7等数字。

比特一向是数字化计算中的基本粒子，但在过去45年中，我们极大地扩展了二进制的语汇，使它包含了大量数字以外的东西。越来越多的信息，如声音和影像，都被数字化了，被简化为同样的1和0。

把一个信号数字化，意味着从这个信号中取样。如果我们把这些样本紧密地排列起来，几乎能让原状完全重现。例如，在一张音乐光盘中，声音的取样是每秒44100次，声波的波形（waveform，声压的度数，可以像电压一样衡量）被记录成为不连贯的数字（这些数字被转换为比特）。当比特串以每秒44100次的速度重现时，能以连续音重新奏出原本的音乐。由于这些分别取样的连续音节之间间隔极短，因此在我们耳中听不出一段段分隔的音阶，而完全是连续的曲调。

黑白照片的情况也如出一辙。你只要把电子照相机的原理想成是在一个影像上打出精密的格子(grid)，然后记录每个格子的灰度就可以了。假定我们把全黑的值设为1，全白的值设为255，那么任何明暗度的灰色都会介于这两者之间。而由 8 个比特组成的二进制位组（称为一个字节，byte）就正好有 256 种排列“1”和“0”的方式，也就是从 00000000 到 11111111。用这种严密的格子和细致的明暗度层次，你可以完美地复制出肉眼难辨真伪的图像。但是，假如你采用的格子比较粗糙，或是明暗度的层次不够精细，那么你就会看到数字化的斧凿痕迹，也就是依稀可见的轮廓线条和斑驳的颗粒。

从个别的像素（pixel）中产生连续图像的原理，和我们所熟悉的物质世界的现象非常类似，只不过其过程更为精细而已。物质是由原子组成的，但是假如你从亚原子（subatomic）的层次来观察经过处理的光滑的金属表面，那么你会看到许多坑洞。我们眼中的金属所以光滑而坚实，只不过是因为其组成部分非常微小。数字化产物也是如此。

但是，我们在日常生活中所体验的世界其实是非常“模拟化”（analog）的。从宏观的角度看，这个世界一点也不数字化，反而具有连续性的特点，不会骤然开关、由黑而白、或是不经过渡就从一种状态直接跳入另一种状态。从微观的角度看也许不是这么回事，因为和我们相互作用的物体（电线中流动的电子或我们眼中的光子）都是相互分离的单位。但是，由于它们的数量太过庞大，因此，感觉上似乎连续不断。这本书就差不多包含了 1 000 000 000 000 000 000 000 000 个原子（书籍是一种极其模拟化的媒体）。

数字化的好处很多。最明显的就是数据压缩（data compression）和纠正错误（error correction）的功能，如果是在非常昂贵或杂音充斥的信道（channel）上传递信息，这两个功能就显得更加重要了。例如，有了这样的功能，电视广播业就可以省下一大笔钱，而观众也可以收到高品质的画面和声音。但是，我们逐渐发现，数字化所造成的影响远比这些重要得多。

当我们使用比特来描述声音和影像时，就和节约能源的道理一样，用到的比特数目当然是越少越好。但是，每秒或每平方英寸所用到的比特数，会直接影响到音乐或影像的逼真程度（fidelity）。通常，我们都希望在某些应用上，采用高分辨率（resolution）的数字技术，而在其他的应用上，只要低分辨率的声音和画面就够了。举例来说，我们希望用分辨率很高的数字技术印出彩色图像，但是计算机辅助的版面设计（computer-pagelayout）却不需要太高的分辨率。由此可见，比特的经济体系有一部分要受存储和传输比特的媒介所限。

在特定信道（例如铜线、无线电频谱或光纤）上每秒钟传输的比特数，就是这个信道的带宽（bandwidth），可以据此衡量每一管线能够容纳的比特数量。这个数量或叫做容量，它必须仔细地与呈现某一特定数据（声音、音乐、影像）所需要的比特数量相匹配：对于传输高品质的声音而言，每秒 64000 比特已经算是相当大的数量了；每秒传输 120 万比特对高保真音乐（high-fidelity music）绰绰有余；但你如果想要传送影像，则带宽就必须达到每秒传输 4500 万比特，这样才能产生绝佳的效果。

然而，过去 35 年来，我们已通过分别或同时从时间和空间的角度检视比特，并去除其固有的累赘重复的部分，掌握了压缩原始声音和画面的数字技术。事实上，所有的媒介都得以迅速数字化，原因之一就是我们在比大多数人所预测的时间更早的时候就发展出了高水平的压缩技术。直到 1993 年，还有些欧洲人辩称，数字影像的梦想要到 21 世纪才能实现。

5 年前[3]，大多数人都不相信，我们可以把每秒 4500 万比特的数字影像信息，压缩到每秒 120 万比特。但是，到了 1995 年，我们已经可以把如此庞大的数字影像信息依照这个比例压缩（compress）和解压（decompress）、编码（encode）和解码（decode），而且成本低廉，品质又好。这就好像我们突然掌握了制造意大利卡布奇诺咖啡粉[4]的诀窍，这个东西是如此美妙，只要加上热水冲泡，就可以享受到和意大利咖啡馆里的现煮咖啡同样香醇的味道。

媒体世界改头换面

数字化可以让你在传送信号（signal）时，附加上纠正错误（电话杂音、无线电干扰或电视雪花）的信息。只要在数字信号中加上几个额外的比特，并且采用日益成熟的、能因噪声和媒体的不同而相应发挥作用的纠错技术，就能去除这些干扰。在 CD 光盘上，1/3 的比特是用来纠正错误的。同样的技术也可以应用到目前的电视机上，从而使每个家庭都可以接收到有演播室效果的画面，影像比现在清楚许多，以致你可能把这种电视误以为所谓的“高清晰度电视”（high-definition TV）。

纠正错误和压缩数据是发展数字电视（digital television）最明显的

---

[3]1990 年。

[4]卡布奇诺咖啡（cuppuccino），加牛奶或奶油用蒸汽加热煮出的浓咖啡。

两个理由。以同样的带宽，过去只能容纳一种充满杂音的模拟电视信号，现在却可以塞入四种高品质的数字电视信号。不仅传出去的画面品质更佳，而且利用同一频道，你还可能拥有四倍的观众数目和四倍的广告收入。

大多数的媒体管理人员在思考和论及数字化的意义时，念念不忘的正是现有的东西能以更好和更有效率的方式传播。但如同特洛伊木马（Trojan horse）[5]一样，这个礼物产生的后果可能令人意想不到。由于数字化的缘故，全新的节目内容会大量出现，新的竞争者和新的经济模式也会浮出海面，并且有可能催生出提供信息和娱乐的家庭工业。

当所有的媒体都数字化以后，由于比特毕竟还是比特，我们会观察到两个基本的然而却是立即可见的结果。

第一，比特会毫不费力地相互混合，可以同时或分别地被重复使用。声音、图像和数据的混合被称作“多媒体”（multimedia），这个名词听起来很复杂，但实际上，不过是指混合的比特（commingled bits）罢了。

第二，一种新形态的比特诞生了——这种比特会告诉你关于其他比特的事情。它通常是一种“信息标题”（header，能说明后面的信息的内容和特征），那些经常要为每篇报道拟定“摘要标题”以表明新闻内容的报社记者最熟悉这个东西了。学术论文的作者也很熟悉这类标题，因为学术期刊也常常要求他们为自己的论文总结要点。在你的 CD 上，

---

[5] 古希腊人围攻特洛伊城，久攻不下，乃设计一空心大木马，并将一批精兵埋伏其中，置于城外，佯作退兵，特洛伊人便将这一“礼物”拖入城内。夜间伏兵跳出，打开城门，希腊兵一涌而入，攻下特洛伊城。

也可以找到简单的标题，让你能直接从一首歌跳到另一首歌，有时候，还可以从中获取关于音乐的更多的材料。这些比特看不见、听不到，但却能够告诉你、你的计算机或一台特别的娱乐设备一些与信号相关的事情。

这两个现象——混合的比特和关于比特的比特（bits-about-bits）——使媒体世界完全改观。相较之下，像视频点播（video-on- command）[6]和利用有线电视频道传送电子游戏之类的应用，就显得小巫见大巫了——它们不过是一座庞大冰山的小小一角。想想看，如果电视节目改头换面成为数据，其中还包含了计算机也可以读懂的关于节目的自我描述，这将意味着什么呢？你可以不受时间和频道的限制，录下你想要的内容。更进一步，如果这种数字化的描述能够让你在接收端任意选择节目的形式——无论是声音、影像还是文字——那又会如何呢？如果我们能够这么轻易地移动比特，那么大媒介公司对你我来说，还有什么优势可言呢？

这些都是数字化可能引发的情况。它开创了无穷的可能性，前所未有的节目将从全新的资源组合中脱颖而出。

---

[6] 一种互动系统。用户可以在任何时间，利用遥控器对着电视屏幕上显现的电影名单，任意选择想看的影片，不再受电视节目表的限制。

智慧在哪里?

电视广播有一个典型的特点：所有的智慧都集中在信息传输的起始点。它代表着一种类型的媒介。信息传播者决定一切，接收者只能接到什么算什么。事实上，就每一立方英寸的功用来看，目前电视机可能是你家中最笨的电器（我还没把电视节目包括在内）。你的微波炉都可能比电视拥有更多的微处理器。与其想象未来的电视会有更高的分辨率、更鲜艳的色彩，或能接收更多的节目，还不如把它看成智慧分布上的一场变迁——或者，说得更准确一些，就是把部分智慧从传播者那端，转移到接收者这端。

就报纸而言，传输者也同样掌握了所有的智慧。但是大报却或多或少地避免了信息单一化的问题，因为不同的人在不同的时间，可以用不同的方式来读报。我们一页页地浏览、翻阅报纸，由不同的标题和照片引导，尽管报社把相同的比特传送给成千上万的读者，但每个人的阅读体验却大相径庭。

要探讨数字化的大未来，其中一个办法，就是看媒体的本质能不能相互转换。看电视的体验能不能更接近读报的体验？许多人觉得报纸新闻要比电视报道更有深度。这是必然的吗？同样地，人们认为看电视比读报能够获得更为丰富的感官体验。一定如此吗？

答案要看我们能不能开发出能为我们过滤、分拣、排列和管理多媒体的计算机，这种计算机将为人们读报、看电视，而且还能应人们的要求，担任编辑的工作。这种智慧可以存在于传输者和接收者两端。

当智慧藏身于传输者这端时，你就好像自己聘请了一位专门撰稿人——就好比《纽约时报》根据你的兴趣，为你度身定制报纸。在这种情况下，信息传输者会特别为你筛选出一组比特，经过过滤、处理之后传送给你，你可能会在家中将其打印出来，也可能选择以更加互动的方式在电子屏幕上观看。

另一种情况则是在接收者一端设置新闻编辑系统，《纽约时报》先发送出大量的比特，可能包括5000篇不同的文章，你的电子装置再根据你的兴趣、习惯或当天的计划，从中撷取你想要的部分。在这个例子中，智慧存在于接收者这端，而传输者一视同仁，把所有的比特传送给所有的人。

未来将不会是二者只择其一，而是二者并存。

2. 人类新空间/无限带宽

从涓涓细流到浩浩江河

20 世纪 60 年代末，当我还是个计算机制图助理教授时，没有人知道计算机制图是什么东西，计算机完全置身于日常生活之外。

今天，我经常听到 65 岁的商界巨头们吹嘘他们伟大的计算机设备里有多少字节的内存（memory），或是他们的硬盘（hard disk）容量有多大。有的人则一知半解地讨论他们的计算机速度有多快——这要归功于“内置英特尔处理器”（Intel Inside）的出色广告，或兴致勃勃地谈论操作系统（operating system）的特色。我最近碰到一位社交名媛，她是个富有而迷人的女士，由于精通微软（Microsoft）的操作系统，她甚至创办了一家小公司，专门为在计算机上还不怎么上道的同伴提供咨询服务。她的名片上印着：“我提供‘视窗’（Windows）服务。”

带宽就不同了。一般人不怎么了解带宽，尤其在今天，光纤已经带着我们从较窄的带宽大步跳跃到近乎无限的带宽。带宽指某个特定信道传送信息的容量，大多数人都把它想象为管子的直径或高速路的车道。

这些比喻忽略了不同的传输媒介（铜线、光纤、大气）之间一些微妙和重要的差别——我们有能力根据我们设计（及调制）信号的方式，来决定在同样的铜线、光纤或大气中每秒传输多少比特。尽管如此，我们还是可以概略介绍一下电话铜线（telephone wire）、光纤（fiber）和无线电频谱（radio spectrum）的特点，让大家能够更好地了解没有重量的比特究竟是如何运动的。

龟兔赛跑

电话铜线通常被称为“双绞线”（twisted pair），因为早期它们像辫子一样纠结在一起，恰如今天还能在一些古老而豪华的欧洲饭店中看到的电灯线一样。这种线路被看作带宽较窄的信道。尽管如此，美国有价值 600 亿美元的架设好的电话线，只要有合适的调制解调器，它们每秒能传输 600 万比特的信息。调制解调器能够把比特转换为波形，然后再把波形还原为比特。它通常的速率是 9600 比特/秒（bps），或称 9600 波特（baud）（bps 和 baud 在技术上的含义并不完全相同，但现在已可以互换使用，我在本书里也是这么用的。baud 这个名称是为了纪念电信技术先驱 Emile Baudot[1]，就像电报中的“莫尔斯电码”以发明人莫

[1] 埃米勒·波多（1845—1903），法国发明家，发明电传打字机电码“波特码”（Baudot code）。

尔斯[2]命名一样）。

新型的调制解调器能以 38400 波特的速率工作（这仍然比连接大多数美国家庭的铜线的潜在传输速率慢了 100 倍以上）。我们可以把双绞线想成“龟兔赛跑”故事中的那只乌龟，它虽然跑得很慢，但并不像你原本想象的那么慢。

你可以把光纤的容量想成无限大。我们并不清楚光纤每秒钟究竟可以传输多少比特。最近的研究表明，利用光纤，我们每秒几乎可以传送 1 万亿比特。也就是说，像一根头发丝那样细的光纤在不到 1 秒钟的时间里，可以传送《华尔街日报》（*Wall Street Journal*）创办以来每期报纸的所有内容。以这样的速度来传递数据，光纤可以同时传送 100 万个频道的电视节目——大约比双绞线快上 20 万倍，真是一大跃进！而且，别忘了，我说的还只是一条光纤而已。所以如果你还嫌不够的话，你可以制造更多的光纤。毕竟，光纤只不过是玻璃罢了。

一般人都觉得以太（ether，即大气，也就是一般人说的“无线电波”）的传输能力也是没有止境的。它毕竟就是空气，而空气到处都有。我虽然通篇使用以太这个词，但它其实只有历史上的意义。无线电波（radio waves）一经发现，以太就被当作传播这些电波的神秘媒介，然而科学家们无法找到它，倒是借此发现了光子（photon）的存在。同步卫星（stationary satellite）在赤道上空 22300 英里的轨道上运行，这意味着地球到同步轨道之间充斥着 34 万亿立方英里的以太，这么多的以太一定

---

[2] 塞缪尔·莫尔斯（Samuel Morse，1791—1872）美国发明家，发明莫尔斯电码（Morse code）。

能够传送许多比特，同时又能让这些比特不至于彼此碰撞。当你想到全球数以百万计的遥控器（remote control unit），正是利用和电视机及其他类似设备进行无线通信（wireless communication）的方式来操作时，这种说法确实有它的道理。由于这些遥控器威力不大，从你的手中传送到电视机上的区区几个比特，并不会改变邻近公寓或城镇的电视频道。但是，正如大家听到过的那样，假如换作无绳电话（cordless telephone），情形就大不一样了。

地空大转移

一旦我们利用以太作为强大的电信和广播传输媒介，我们就必须格外小心，不要让信号彼此干扰。我们必须乐于把自己事先定位在频谱中的某个部分，而不能贪得无厌地使用以太。必须尽可能高效地运用它，因为不像光纤，我们无法不断制造更多的以太。大自然早已一次性地结束了这项工作。

想要高效使用以太，办法很多。例如，可以通过建立网格、分传输单元的办法，使用户在不同的信号区（quadrant）内使用相同的频率，这样频谱的各个部分可以得到重复利用；也可以进入以前被视为禁区的部分（因为那些频率会毁了那些天真的家伙）。但是即使你掌握了所有的窍门，最大限度地占有了频谱，与光纤能提供的带宽以及我们能不断制造和铺设光纤的能力比起来，以太能提供的带宽就显得极为有限了。因此我的建议是，今天的有线和无线通信应该交换位置。

内布拉斯加州（Nebraska）参议员鲍勃·凯瑞（Bob Kerrey）竞选

总统时，曾经花了几小时参观我们的媒体实验室。我们见面的时候，他劈头就说“尼葛洛庞帝式转换”（The Negroponte Switch）。这个概念是我在北方电信公司（Northern Telecom）的一次会议上首次加以探讨和介绍的，那次会议上我和乔治·吉尔德（George Gilder）是演讲人。它的含义简单说来就是，目前经由地下（电缆）传输的信息，将来会经由以太传输，反之亦然。换句话说，空中传输的信息会走入地下，而在地下传输的信息则会升上天空。我把这叫做“交换位置”，吉尔德则称为“尼葛洛庞帝式转换”。这个名词不胫而走。

我认为这种位置转换的好处是不言而喻的，因为地下管线的带宽是无限的，而以太的带宽则是有限的。以太是唯一的，但光纤的数目却无穷无尽。尽管我们可能会越来越聪明地使用以太，我们终究还是得把所有无线通信的频谱节省下来，用在像飞机、轮船、汽车、手提箱或手表等移动的物体上。它们的活动范围无法限制。

光纤：自然之道

6 年前[3]，当柏林墙倒塌时，德国联邦邮电部哀叹时间早了 5～7 年，因为当时光纤的价格还太贵，在东德全面铺设光纤电话系统为时尚早。

今天，即使加上两端的电子成本，光纤都比铜线便宜。如果你遇到的情形不是这样，只要再耐心地等上几个月，一切就会改观，因为光纤

[3] 1990 年。

连接设备、开关和变换器的价格都在直线下降。除非通信线路只有几英尺或几码长，或是安装人员的技术不够熟练，否则今天实在没有理由在电信中再使用铜线了（假如把铜线的维修费用考虑在内，那就更不划算了）。

铜线唯一真正的优点是能够传送电力。对电话公司来说，这是个敏感话题。电话公司一向引以为傲的是，当飓风袭来的时候，也许会造成停电，但电话系统却仍可以运转如常。如果你的电话线采用的是光纤而不是铜线，就必须从当地电力公司取得电力，这样如果出现停电的话，电话也一定会受到牵连。即使有备用电池，由于要花特别的功夫来维护，也不算是什么明智之举。基于这个原因，将会出现包铜的光纤或包光纤的铜线。但是，从比特的角度看，把整个地球连成一体的，终究还会是光纤。

我们还可以从另外一个角度，观察从铜线到光纤的转变。美国的电话公司每年大约会有 5%的设备被更新，出于维修和其他的原因，它们把铜线换成光纤。尽管这种升级工作在各地的发展并不平衡，但是，饶有趣味的是，如果照这个速度进行下去，再过 20 年左右，整个国家都会遍布光纤。关键是，无论我们是否需要这样的带宽，是否懂得怎样运用它，我们很快就会发展出全国性的宽带信息结构。至少，光纤系统会为我们提供品质更高、也更可靠的通信服务。

我们花了十几年时间，才把哈罗德·格林法官（Judge Harold Greene）在 1983 年犯下的错误改正过来。当时，他禁止地区性的贝尔公司（Regional Bell Operating Companies）进入信息和娱乐业。一直到 1994 年 10 月 20 日，美国联邦通信委员会（Federal Communications

Commission，FCC）才迈出重要的一步，批准了所谓的“视频拨号”（video dialtone）[4]。

具有讽刺意味的是，为贝尔公司游说的人，提出了一种似是而非但却十分有效的理由，以证明进入信息和娱乐业的正当性。他们获得了成功。

电话公司称旧有的电话服务已经跟不上形势的需要，除非批准它们成为更广义的信息提供者，否则它们没有积极性去承担建设新的基础设施（也就是光纤）的巨额费用。

且慢，电话公司一向都扮演信息提供者的角色；事实上，大多数贝尔公司主要的财源都是电话黄页（Yellow Pages）[5]。但是让人莫名其妙的是，假如电话公司以原子方式，把这类信息送到你的家门口，就没有问题；但假如它们把信息化为比特，以电子方式传送给你，就犯法了。显然这是格林法官的看法。

因此，游说人士辩称，电话公司只有进入电子信息传输业，其掏钱铺设地区性光缆线路的行为才可能具有合理性。他们的论点是，假如没有新的收入来源，就没有足够的动力来进行大规模投资。这个论点获得了认可，电话公司正大举进入信息和娱乐业，并且铺设光缆的速度也比过去稍微快了一些。

---

[4] “视频拨号”意指获取影像就如电话拨号一样容易，即允许发送和接收影像成为电话公司传输服务的一部分。

[5] 电话号码簿的一部分，专载公司、厂商等电话用户的名称及号码，按行业划分排列，并附有分类广告。

我觉得这个结果是相当不错的。它会使消费者得益，但上面的这番说理却站不住脚。电话公司以貌似有理的论调推翻了貌似有理的法律，但现在却可能迷信上了自己的论调。我们并不需要这么大的带宽来提供信息和娱乐服务。事实上，120 万～600 万比特/秒的带宽更适合目前大多数媒体的需求。我们甚至还没有开始了解或发挥这一带宽的创造性潜能。律师和电话公司的高级管理人员花了 10 年时间对格林法官施加压力，然而与此同时，他们却忘记了先去看一看现有的庞大设施：双绞线。

很少有人认识到铜线的性能有多好。一种叫做“非对称数字用户环线”（Asymmetrical Digital Subscriber Loop，ADSL）的技术能够用比较短的铜线传输大量的数据。ADSL—1 能够为 75%的美国家庭和 80%的加拿大家庭每秒输入 154.4 万比特的信息，同时每秒输出 64000 比特的信息。ADSL—2 的操作速度超过 300 万比特/秒，ADSL—3 更超过 600 万比特/秒。而 ADSL—1 对 VHS[6]画质的影像而言，已经足够好了。

虽然从长远来看，这并不是把多媒体信息传输到家庭的好办法，但令人不解的是，大多数人竟会在现阶段把它忘得干干净净。一种说法是，每个订户要负担的费用太高，但费用高是因为用量小的缘故。而且，即使暂时费用偏高，就算每个订户要花掉 1000 美元好了，它也是逐渐追加的，大部分费用会随着订户的增加而分摊到各家。更何况，如果服务能够引起他们的兴趣，许多美国人愿意在 3～4 年的时间内，部分或全部地支付这 1000 美元，以分摊启动成本。因此，尽管光纤是大势所趋，

---

[6] VHS 是 Video Home System 的缩写，指家用录像系统。

利用现有的铜线，我们还是可以有所作为、有所获益的。

很多人都忽视了铜线这块踏脚石。他们以为必须全面而迅速地转换到光纤上，利用其无限的带宽，才能维持强大的竞争优势。然而，他们没有认识到，大自然和商业利益会比法规上的种种诱因更能促进光纤的自然发展。就像春情发动的狗具有异常灵敏的嗅觉，提倡宽带的学者，能够嗅出建立宽带网络的每一个政治机会，仿佛这是全国的当务之急或必须力争的人权一样。事实上，毫无限制的带宽可能会是自相矛盾的，并造成一定的负面影响：人们被过多的比特所淹没，外围的机器设备变得毫无必要地蠢笨。拥有无限带宽并不是坏事，也不见得有错，但就像性开放一样，也不一定就是好事。我们真的想要或需要这么多比特吗？

少就是多

“少就是多”这一说法来源于建筑家米斯・范・德・罗赫（Mies van der Rohe）。我在思考需要传输的信息量和接收信息的方式时，从这句话中得到了许多启示。对于任何新媒介的初学者而言，这句话都切中了要害。初学者并不明白“少就是多”。

就以家用摄像机（home video camera）为例。当你第一次得到并操作摄像机时，你很可能会不停地转换拍摄角度，不时地拉近或推远，同时试验各种你刚发现的新花招。结果是录制了一盘你羞于示人的蹩脚的录像带，连你的家人都退避三舍，因为层出不穷的镜头变换令他们简直烦透了。经过一段时间以后，你冷静下来，才会更娴熟而自制地运用新技术带给你的自由。

太多的自由对于我们从激光打印机（laser printer）上拿到的打印稿也有不良影响。能改变字体和字号的诱惑污染了现在许多大学和企业的文件，许多人浑然不觉地混用不同形态和大小的字母，一会儿用正常字体，一会儿用黑体，一会儿又用斜体，一会儿再给它们加上阴影。只有在对印刷版式（typography）有了更深一层的了解后，才会明白，坚持用单一字体（typeface）反而更恰当，变换字号大小也只能偶一为之。“少”其实可能反而意味着“多”。

带宽的情形也是一样。许多人大力主张：既然我们拥有宽带就应该采用宽带。这种主张缺乏头脑。一些关于带宽的自然法则显示：对某人发射更多的比特，并不比开大收音机音量以获取更多信息的做法更有道理或更合乎逻辑。

举例来说，在 1995 年，对于所谓“VHS 画质的影像”来说，120 万比特/秒是一个门槛。假如你想要得到更佳的画面，尽管把传输速率提高 2～3 倍好了，但是超过 600 万比特/秒的容量就没有什么大的用处。我们并不会因为有了这么多的带宽，而享受到富于想象力的新服务。

光纤进入家庭并不意味着新的信息和娱乐服务会随之而来。这一服务要想发展，想象力才是关键。

把 100000 比特压缩为 1

带宽与数字计算之间的关系十分微妙。今天，在可视电话（video telephone）和更昂贵的电视会议系统（video conferencing system）上，带宽与计算之间的交换条件十分明显。如果在线路的两端都进行数字计算，你就可以减少来回传输的比特。在线路的两端投入一些资金进行数字影像处理，你所占用的信道容量就会较小，传输费用也会因之降低。

一般而言，可以把数字影像视为不问信息内容而对数据进行压缩的一个例子。无论节目是橄榄球比赛、热门的新闻访谈，还是詹姆斯•邦德[7]的追逐战，人们都采用同样的编码技术。即便对计算机科学是外行，你也可能会猜到所有这些节目的压缩办法是可以有所不同的。一旦考虑到信息内容，我们可以用截然不同的方式压缩数据。只要看看下面这个人际沟通的例子就会明白了。

假设有 6 个人围坐一桌共进晚餐，他们正热烈谈论一个不在场的人——甲先生。在讨论中，我向坐在对面的妻子伊莲眨了眨眼。晚饭后，你走过来问我："尼古拉，我看到你向伊莲递眼色，你想告诉她什么？"

我对你解释说，前天晚上，我们恰好和甲先生一起吃晚饭。当时他说，和如何如何相反的是，他实际上如何如何，即使大家都以为如何如何，最后他的真正决定却是如何如何，等等。换句话说，我大约要花 10 万个比特，才能跟你讲明白我用 1 个比特就能和我太太沟通的话（请容许我暂且假设，眨一下眼睛，正好等于在以太中传送了 1 个比特）。

这个例子告诉我们的是，传输者（我）和接收者（我太太）有共同的知识基础，因此我们可以采用简略的方式沟通。在这个例子中，我通过以太向她发射了一定的比特，触发了她脑子里的更多信息。当你问我，

---

[7] 詹姆斯•邦德（James Bond），英国小说家伊安•弗莱明（Ian Fleming）笔下的 13 部间谍小说中的大特务，神通广大，代号为 007。

我和她交流了什么时，我不得不把所有的 10 万比特全部传送给你。我因此失去了 10 万比 1 的数据压缩度。

有个故事说，有对夫妇把数百个笑话记得滚瓜烂熟，因此只需提到笑话的编号，彼此就能心领神会。寥寥几个数码就会唤醒他们对整个故事的记忆，使他们大笑不止。把这个方法更平实地用在计算机数据压缩上，就是把常用的较长的词编上号，然后传递这几个比特而不是全部的字符串。当我们以共享的知识来换取更多的带宽时，这类技术会越来越普遍。浓缩信息不仅节省了信息传送的成本，同时也节省了我们的时间。

同样的比特，不同的身价

采用今天的电话计费方式，如果我要把关于甲先生的事情告诉你而不是我太太，我可能得付出 10 万倍的电话费。对电信公司而言，如果来回传送少量比特，根本就无利可图。目前，通话的经济模式是，根据每秒传送多少比特或传送每个比特需要多长时间来计费，比特究竟代表什么，完全无关紧要。

而要了解带宽的经济学，真正的问题在于，是否有些比特比其他比特价值更高？答案显然是肯定的。但是，更复杂的问题是，一个比特的价值是否不仅应该随其本质而变化（例如，它是电影比特、对话比特，还是心脏起搏器比特？），而且，也应参照使用者的身份、使用时间或方式而变化？

包括美国《国家地理杂志》（*National Geographic*）的工作人员在内，

大多数人都同意，一个使用该杂志图片档案来完成作业的 6 岁儿童，应该免费或基本免费地得到这些图片比特。相反，如果我使用这些比特来写论文或拟订商业计划，就应该支付一定的费用，甚至做出额外贡献，以贴补这位六龄童。于是，比特不仅具有不同的价值，而且这种价值还会因使用者和使用方式而发生变化。突然之间，说社会福利比特、少数民族比特和残疾人比特都纷纷出现了！国会必须很有创意地拟定出一个公正的制度框架才行呢。

为比特设定不同的价格，并非始于今日。我在道·琼斯公司（Dow Jones）开了个户头，借此和股票市场搭上了线。我只能从户头上得到 15 分钟后的股票市场行情。如果我想和我那 86 岁、从事股票经纪的叔父一样，随时拿到最新的报价，我还得另付一笔可观的费用给道·琼斯公司或我叔父。这就好像平信和航空信的价格差异一样，搭飞机和乘火车来的比特，身价自然不同。

在实时（real-time）通信的情况下，所需要的带宽要视对话的媒介而定。如果我是在跟你通话，那么，想要以比我说话还快的速度把声音传给你，简直毫无意义。当然，比说话的速度慢上许多，或延迟一小段时间才传给你，也令人无法接受。通过卫星线路打电话时，即使是 1/4 秒的迟滞，都令大多数人不安。

但假如我把信息录下来，希望将其传给你，并且是按分钟付电话费的，那么我当然希望每秒传输的比特越多越好。全国各地利用调制解调器来获取和传送信息的人，都会有同感。几年前我们还觉得 2400 波特的速率已经相当不错了，而今天，却随处可见 38400 比特/秒的调制解调器，并因之减少了 94%的电话费用。

对电话公司而言，幸运的是，50%的跨太平洋电话通信和 30%的跨大西洋电话通信是以 9600 比特/秒而不是 64000 比特/秒的速率传送的传真资料。虽然 64000 比特/秒的调制解调器也已经面市。

星状和环状网络

重要的不仅是信道的带宽，还有它们的设置（configuration）。简单地说，电话系统是“星状”网络（“star”network），电话线从一个固定点放射出去，就像华盛顿或巴黎的街道一样。从你家到当地最近的电话交换站之间相隔一段距离，如果你愿意的话，可以从家里沿着电话线，一直跑到那里去看一看。

相反地，有线电视从诞生之日起就呈“环状”（“loop”），好像圣诞树上的彩灯串一样，串联起一户户的人家。电话双绞线的窄带和同轴电缆（coaxial cable）的宽带自然而然地造就了不同的星状和环状网络。在第一个例子里，每个家庭都接入一条专用的窄带电话线（dedicated low-bandwidth line）。在第二个例子里，许多户人家共享一种宽带服务。

星状和环状网络的体系结构（architecture）也会受信息内容的性质的影响。在电话网络中，每次的对话内容都不一样，传给一户人家的比特和其他人毫不相干；本质上，这是个多点对多点（vast-point-to-vast-point）的作业系统。电视则不同，你和邻居收看的是相同的节目内容，因此采用圣诞树彩灯串的通信方式——一点对多点（point-to-multipoint）的方式，再合理不过了。有线电视经营者传统上一直都照搬我们都熟悉的无线电视传播的做法，只不过把电视信号传输从空中转入地下罢了。

但是，传统智慧毕竟非常传统。未来，电视节目的传送方式将发生剧烈的变革，你将不再满足于和邻居收看同样的电视节目，或是只能在特定的时间内，看你想看的节目。因此，有线电视公司的想法将越来越接近电话公司，需要有很多的交换机和“基地”。事实上，25 年后，不仅电话公司和有线电视公司不再有任何差别，电话和有线电视的网络体系结构也将趋于一致。

结果，大多数的网络都将是星状网络，只有地区性的或无线广播网络才会采用环状，以便能在同一时间把信息传给所有家庭。通用汽车的休斯电子公司（GM Hughes Electronics）喜欢把它的卫星电视直播系统（Direct TV System）称为“弯曲的管线”，而且还会告诉你，直播卫星电视系统（direct-broadcast satellite television system）就等于可以传送信息到每个家庭的有线电视系统。的确，假如你人在美国，正读到这一页时，除非撑起一把铅伞，否则休斯公司的卫星会在 1 秒钟内把 10 亿比特一股脑泼到你的身上，躲也没处躲。

水管和滑雪缆车

许多刚刚跨入数字世界的人往往把带宽理解成管子工的活计。假如你把比特想象为原子，脑海中就会浮现大大小小的管子、水龙头和给水栓的形象。最常见的一个比喻是，使用光纤就好像用水管饮水一样。这个比喻很有建设性，但是也很容易引起误解。水不是流动就是不流动，你可以依靠拧紧水嘴来控制花园中水管的水流量。但是，即使水管中的水流减慢到只剩下涓涓细流，水原子仍然是作为一个群体在移动。

比特就不同了，或许用运载滑雪游客的缆车来比喻更恰当。缆车以稳定的速度移动，途中或多或少的乘客上上下下。同样地，你用一组比特构成一个信息包（packet），然后把这个信息包放进能以每秒百万比特的速率传输信息的管道中。现在，假如我把一包速率为 10 比特/秒的信息丢进一个快速流动的管道中，则我的有效带宽是每秒 10 比特，而不是这个管道的速度。

听起来好像很浪费，但事实上这是个聪明的想法。因为其他人也把信息包丢进同样的管线中——这种管线构成了互联网络和异步传输模式（Asynchronous Transfer Mode，ATM）系统的基础（在不久的将来，所有的电话网络都会以 ATM 模式工作）[8]。你将不会再像现在传送声音一样，把整条电话线占满，而是把一个个标好了名字和地址的信息包送入管线中循序前进，它们知道什么时候在什么地方走下缆车。你为每个信息包付费，而不是按分钟付费。

这种分封带宽的方式，还可以从另一个角度来理解：达到 10 亿比特/秒的速率的最好办法，就是在百万分之一秒中，传送 1000 比特；在千分之一秒中，传送 100 万比特，以此类推。拿电视来说，可以把这一过程想象为在几秒钟内接收整整一个小时的影像，而不是那种用水龙头控制水流的情况。

---

[8] ATM 是 20 世纪网络传输技术最重要的成果之一，它的基本原理是，将在网络上传输的信息数据，一律切分成一个个固定长度的单元，每个单元为 53 个字节。信息从一端的电脑出发后，经过中间复杂的网络传输和转换设备到达另一端的电脑，再按照原先的样子组合起来。

与其把 1000 个电视节目传送给每个人，还不如在 1‰的实时瞬间，把某个节目传送给某个人。这将彻底改变我们对广播电视媒体的看法。传播比特的速度和人类消费比特的速度，将变得毫不相干。

3. 比特电视横空出世/媒介再革命

高清晰度电视是个笑话

看电视的时候，你会抱怨影像的分辨率、屏幕的形状或是活动画面的质量吗？大概不会吧。如果你有什么抱怨，一定是对节目不满意。或是抱怨像布鲁斯·斯普林斯汀（Bruce Springsteen）[1]所说的“空有57个频道，却毫无内容”。然而，几乎所有关于电视升级换代的研究，都把目标瞄准影像显示的精致化，而不是节目的艺术性。

1972 年，有几位富于前瞻性的日本人自问，电视的下一步应该朝哪一个方向走。他们的结论是：更高的分辨率。他们假定，电视由黑白转为彩色之后，紧接着的是拥有如电影般精致的画质，或叫“高清晰度电视”。在模拟世界里，让电视朝这个方向升级，是很合乎逻辑的想法。因此，在接下来的 14 年中，日本人孜孜不倦地研究他们眼中的“高品

[1] 鲁斯·斯普林斯汀，美国著名摇滚歌手。

质电视”（Hi-Vision）。

1986 年，欧洲警觉到日本人可能会独霸新一代的电视市场。更糟的是，美国人也接受了“高品质电视”的想法，和日本人一起极力鼓吹，想要把它变成世界性的标准。今天，美国许多高清晰度电视的支持者和新民族主义者都轻易地把当初的错误判断——支持日本式的模拟系统——抛在脑后。欧洲纯粹从贸易保护的角度出发，否决了日式系统，尽管是出于错误的理由，却给我们所有人帮了大忙。欧洲人紧接着开始发展他们自己的模拟高清晰度电视系统——叫做 HD-MAC——在我看来它比日本的“高品质电视”略逊一筹。

最后，美国好像一个刚从睡梦中惊醒的巨人，开始对高清晰度电视大加挞伐，并且拾人牙慧，用的同样是早该丢弃的那一套模拟理论。它紧随日本、欧洲的脚步，把电视的未来看成单纯的画面品质问题，更糟的是，还准备用老式的模拟技术来处理这个问题。每个人都把追求更好的画面品质作为当务之急。遗憾的是，这种看法与真实情况并不相符。

没有任何证据足以显示，消费者重视画面品质甚于节目内容，尤其是和今天已达到的具有演播室效果的电视相比，高清晰度电视技术目前为止所能提升的画面品质还远不明显（你也许还没有看过具有演播室效果的电视，想象不到它有多好）。就目前的水准而言，所谓的高清晰度电视是个笑话。

数字电视才代表未来

1990 年，呈现在我们面前的一种可能情况是，日本、欧洲和美国，会各自沿着完全不同的方向发展新一代电视。当时，日本已投入了 18 年的金钱和精力发展高清晰度电视。在这段时间内，欧洲人眼见自己错失了计算机工业的发展契机，下定决心不能再在电视上重蹈覆辙。而在几乎没有任何电视工业的美国，高清晰度电视被视作重振消费电子业的大好机会（西屋电气、RCA 和 Ampex 等短视的美国公司早就把电视机市场拱手让人了）。

当美国准备迎接改进电视技术所带来的挑战时，数据压缩技术才刚刚萌芽，还不足以形成明显的行动步骤。而且，身为主角的电视设备制造商也不适应这个战场。和苹果及太阳微系统（Sun Microsystems）这样的年轻数字科技公司不同的是，电视技术公司是模拟思想的陈旧温床，对它们来说，电视只与画面有关，与比特毫无关系。

但在美国觉醒之后不久，1991 年，几乎一夜之间，每个人都追随通用仪器公司（General Instrument Corporation），成为数字电视的鼓吹者。不到 6 个月，美国所有关于高清晰度电视的提议都改弦易辙，从使用模拟技术转为使用数字技术。有充分的证据显示，数字信号的处理更合乎成本效益，而欧洲则直到 1993 年 2 月才承认这一点。

1991 年 9 月，我在法国总统弗朗索瓦 • 密特朗（Francois Mitterrand）举行的午餐会上，向他的许多阁员发表了一次演讲。或许因为法语不是我的母语，我没能说服他们相信，我不是在试图让他们放弃自己所称的“领先地位”，而是要他们摆脱我所谓的“缠绕在脖子上的锚”。

我在 1992 年和日本首相宫泽喜一（Kiichi Miyazawa）见面的时候向他指出，“高品质电视”没有前途，他对这一说法感到震惊。倒是撒切尔夫人（Margaret Thatcher）听进了我的建言。最后，英国首相约翰 • 梅杰（John Major）的一次大胆行动使局面得以扭转：1992 年年末，他否决了关于给高清晰度电视节目补贴 6 亿欧洲货币单位（合 8 亿美元）的提案。欧洲联盟（那时还叫欧洲共同体）终于在 1993 年年初决定，放弃模拟的高清晰度电视计划，迎接数字化的未来。

其实，日本人非常清楚数字电视才代表着未来。1994 年 2 月，当倒霉的日本邮政省放送行政局局长江山晃正（Akimasa Egawa）提议日本跨入数字世界时，日本的产业领袖第二天便群起而攻之，逼着他硬生生地把话吞了回去。日本在高清晰度电视上投的钱实在太多了，他们绝不会公开表示要另起炉灶。

我清楚地记得在一次电视座谈会上，日本消费电子产业的巨子们一个个信誓旦旦地表示，他们全力支持模拟的“高品质电视”，并且暗示江山晃正简直是疯了。我得咬住我的数字化舌头，因为我认识他们每一个人，听过他们发表完全相反的论调，而且也见过他们各自在数字电视上的努力。恐怕是他们为了要保住颜面，一个个变成了双面人。

技术对，问题却搞错了

好消息是，针对电视的未来，美国采取了正确的技术——数字技术。坏消息是，我们仍然在漫不经心地讨论错误的问题，即那些关于画面质量的问题，例如分辨率啦，帧频（frame rate）啦，以及屏幕高宽比（aspect ratio）啦，等等。更糟的是，我们还试图一举决定所有这些具体标准，并且通过立法把变数化为常数。数字世界给我们的最好礼物就是，你根本不必做这些事情。

即使模拟世界都不再冥顽不化。曾经到过欧洲旅游的人，都记得可怕的变压器问题，必须把 220 伏的电压转换成 110 伏才能供美国电器使用。据说曾创造出 IBM 个人计算机的唐·埃斯特里奇（Don Estridge），有一天在 IBM 位于佛罗里达州波卡雷登（Boca Raton）的工厂的停车场里，下令让个人计算机从此不必担心电压到底是 110 伏还是 220 伏。这个古怪的命令很快得到执行。今天，几乎所有的个人计算机都可以和各种不同的电源相接。这个故事的含义是，执行埃斯特里奇的命令时，人们赋予了机器以智慧（把过去人们担心的问题换成由插头来担心）。这对电视机制造商而言，是一大启示。

我们将看到越来越多的系统不仅有能力适应 110 伏或 220 伏、60 赫兹和 50 赫兹，而且还能配合不同数量的扫描线（scan line）、帧频和屏幕高宽比。这样的情况已经发生在调制解调器身上，它们大量进行相互切磋，以达成最好的通信协议。电子邮件（E-mail）也出现了同样的状况，系统采用各种不同的通信协议，在不同的机器之间传递信息，有时极为成功，有时效果稍差——但几乎从来不会一片空白。

数字化是迈向成长的通行证。发轫之初，你不必给每一个 i 都加上点，给每一个 t 都加上小横线。你可以为未来的发展预先建立连线设施，制订出比特之间彼此沟通的协议。研究数字电视的学者一直忽略了这项资产。他们不仅把时间花在错误的问题（高清晰度）上，而且把其他所有的变数都通通考虑在内，并把它们看作像吹风机的 110 伏电压一样的问题。

关于交错扫描（interlace）的争论就是一个好例子。电视每秒可呈现 30 帧画面。每帧画面都由两个所谓“扫描场”（field）组成，每个场则包含了半数的扫描线（奇数线或偶数线）。因此，每帧画面所包含的是恰好偏移了一条扫描线的两个场，而且移位填补的动作会在 1/60 秒中及时完成。当你看电视的时候，你在每秒钟内看到的是“交错”在一起的 60 个场，因此画面上的动作显得十分平顺，但每个场其实只包含了一半的影像。结果，你觉得画面的动感甚佳，并且只用一半的带宽，就能够呈现出清晰的静态物体。当电视广播处在模拟阶段，而且带宽仍然奇货可居时，这是个伟大的构想。

但是，当我们谈到计算机显示（display）时，问题就来了。这时交错技术不仅毫无意义，而且对移动的影像反而有害。计算机显示必须更精确（有更高的分辨率，并且可在近距离内观看），而且当我们近距离注视计算机屏幕时，活动图像扮演的角色也截然不同。不提别的，单就计算机发展而言，交错扫描技术毫无前途，计算机工程师避之唯恐不及，倒也是正当之举。

但是，交错技术的死亡会是一个自然的过程。通过法律来禁止使用它，会和殖民地时期颁布的清教徒法规[2]一样愚不可及。数字世界比模拟领域更有弹性，数字信号可以携带各种各样关于自身的额外信息。计算机可以即时处理或事后处理各种信号，增加或减少交错，改变帧频，并且修改屏幕高宽比，让某个特殊信号的长方形形式要素能够恰好适合某个特殊显示屏幕。因此，我们最好不要任意制订任何一种固定的标准，因为今天听起来很合逻辑的做法，明天可能就会变成荒谬之举。

---

[2] 原文 blue caw，意为蓝色法规，指美国殖民地时期清教徒社团颁行的法规，禁止星期日营业、饮酒、娱乐等世俗活动，源出印在蓝色纸上的关于安息日规定的报道，美国独立战争后除若干州外已终止执行。

电视也升级

数字世界从本质上说可以不断升级。与过去的模拟系统相比，数字系统可以不断地、有机地发展和改变。你去购买新电视机的时候，会把旧电视扔掉，好给新的腾地方。但是，如果你有了一部计算机，你却很习惯给旧计算机增加各种新的性能以及硬件和软件，而不会为了一点点升级改进，就换掉所有的部件。事实上，“升级”（upgrade）这个词本身就带有数字化味道。我们越来越习惯于让计算机系统升级，获得更好的显示效果，内置更完美的声音，并期待软件有更上乘的表现，而不是原地踏步。为什么电视不能如法炮制呢？

电视终会如此。今天我们被困在 3 种模拟电视标准中：美国和日本用的是 NTSC，它是 National Television Systems Committee（全国电视系统委员会）的缩写，欧洲人会告诉你，NTSC 代表 Never The Same Color（颜色永远变来变去）；PAL（Phase Alternating Line，逐行倒相制）标准独霸欧洲，而法国则采用 SECAM（SEquential Couleur Avec Memoire）标准，意为“顺序与存储彩色电视系统”，美国人喜欢戏称为“和美国相反的东西”（Something Essentially Contrary to America）。其他国家则犹豫不决，用选择第二通用语的逻辑，从中选择一种电视标准。

选择数字化，也就是要超然独立于种种标准的限制之外。如果你的电视不会说某一特定的方言，你也许将不得不到本地的计算机商店中购买一台数字解码器，就好像你今天为计算机购买软件一样。

假如分辨率是个重要的变数，那么无疑地，解决办法是建立一个可升级的系统，而不是只盯牢今天可以轻易在屏幕上显示的特定扫描线数目。当你听到人们谈论 1125 条或是 1250 条扫描线时，这些数目一点也不神奇，只不过刚好很接近今天阴极射线管（Cathode Ray Tube，CRT）的最高显像极限。事实上，过去电视工程人员思考扫描线的方式，在今天已经行不通了。

过去，随着电视机变得越来越大，观看者离得也越来越远，直到退入墙边的长沙发为止。平均起来，进入观看者瞳孔的每毫米扫描线数目几乎是固定的。

接着，在 1980 年，事情发生了突然的变化，把人们从长沙发里带到了桌前，体验观看 18 英寸屏幕的感受。这一变化使人们对扫描线的看法刚好倒了个个儿，因为我们无法再去想每个画面的扫描线数目（像过去对待电视机一样），而是开始考虑每英寸的扫描线数目，我们在看打印件或现代的计算机显示器时就是这样做的。施乐公司（Xerox Corporation）的帕洛阿尔托研究中心（Palo Alto Research Center，PARC）首先开始从每英寸扫描线的角度来思考扫描线的问题。显示器越大，需要的扫描线就越多。最后，当我们可以制造出平面显示器（flat-panel display）时，我们将有能力呈现分辨率达到 1 万条扫描线的影像。把我们的思路局限于今天 1000 条左右的扫描线上，是非常短视的。

要想在明天达到极高的分辨率，就必须在今天就让系统具有升级的能力，但是今天鼓吹数字电视系统的人，却没有一个提倡这种观念。这真是奇怪。

把电视当作收费亭

所有的计算机硬件和软件制造商都在向有线电视业大献殷勤。考虑到 ESPN 体育频道的订户居然高达 6000 万，他们的这种举动也就不足为奇了。微软、硅谷图形公司（Silicon Graphics）、英特尔、IBM、苹果、DEC 和惠普（Hewlett Packard）都与有线电视业达成了重要协议。

导致这种沸腾景象的原因是电视置顶盒（set-top box）。现在这个盒子不过是台调谐器（tuner），但注定要担负更重要的任务。如果照过去的速度，我们很快就会有各式各样的电视盒子，就好像我们现有的红外线遥控器一样多（一个用在有线电视上，一个用来接收卫星信号，一个给双绞线用，还有一个是为了超高频[3]信号传输，等等）。这样一种互不兼容的置顶盒的大杂烩景象真是令人感到万分可怕。

商家对这个盒子的兴趣，来源于它的一种潜在功用。抛开别的不谈，这个盒子可能会变成收费亭，它的供应商借此成为某种意义上的守门人，根据经由收费亭进入你家中的信息的多少，而收取可观的费用。听起来，这像个只赚不赔的好生意，但却不见得合乎大众的最佳利益。更糟的是，置顶盒的构想本身在技术上就很短视，而且抓错了重点。我们应该放宽视野，转而把目光放在一般用途、而非专用的计算机设计上。

在“置顶盒”这个名称中，“盒子”这个词隐含了各种错误的含义，但是它的理论如下：我们对带宽的贪得无厌导致了有线电视目前在提供宽带的信息和娱乐服务上取得了领先的地位。今天的有线电视包含了有

---

[3] 超高频（Ultrahigh Frequency，UHF）范围在 300~3000MHz 之内，即电视道 14～38。

关置顶盒的服务，因为只有少数观众接通了有线电视的电缆。鉴于目前这种盒子已经存在，也广为大众接受，有线电视公司的想法是：只要再增加额外的功能就可以了。

这个计划有什么不对吗？很简单。即使最保守的广播工程师都同意，电视与计算机的差异最终将只限于外围设备（peripheral），以及它们在家中摆放在哪一个房间。尽管如此，由于有线电视业执意垄断，并且不断增强置顶盒的功能，达到可以控制 1000 个节目的地步（这样一来，任何时候都有 999 个你根本没有在看的电视节目），这种远见被出卖了。在有利可图的数字电视制造争霸战中，目前看来，计算机在第一回合就被击倒了。

但是，计算机将会卷土重来，取得最后的胜利。

计算机即电视

我很喜欢问别人记不记得特雷西 • 基德（Tracy Kidder）的那本《新机器的灵魂》（*The Soul of a New Machine*）。然后我会问读过这本书的人，记不记得书中问题成堆的那家计算机公司叫什么名字。我还没有碰到过一个答对这个问题的人。数据通用公司（Data General，也就是上述那本书中提到的公司）、王安（Wang）、普莱计算机（Prime）等公司，都曾经飞速发展，成为一时俊杰，但它们也都完全忽略了开放系统（open system）的重要性。我还记得，在参加这些公司的董事会时，常常听到人们争辩说，专用系统（proprietary system）会带来绝大的竞争优势。如果你能够制造出一种既受欢迎又独特的系统，就可以让竞争对手无隙可乘。这听起来好像很合逻辑，但实际上却大错特错。正是这种想法使普莱计算机被淘汰出局，另外两家公司，和其他许多公司一样，依靠昔日余荫艰难求生。这也是苹果今天不得不改变策略的原因。

“开放系统”是一个至关重要的概念，体现了我们经济体系中的企业家精神。它对专用系统和到处伸手的垄断提出了强有力的挑战。而且，它正在占据上风。在开放系统中，我们靠自己的想象力来竞争，而不是靠手中掌握的锁和钥匙。这样做不仅会产生大批成功的企业，同时也会为消费者提供更加多样化的选择，商业部门更因此变得敏锐而灵活，能够适应快速的变化和增长。真正的开放系统将为大众所拥有，每个人都将能在其基础上，营造自己的天空。

个人计算机的飞速发展，使得采取开放式的体系结构的未来电视将等同于一部计算机。就是这样。置顶盒将变得只有信用卡般大小，只要插入，就可以把你的计算机变成有线电视、电话或或卫星通信的电子通道。换句话说，将来没有人生产电视机，只有计算机工业：它将制造装满上吨内存并具有强大的信息处理能力的显示器。有些计算机的显示器将不再是 18 英寸的，而是能让你欣赏到 10 英尺的超大屏幕画面。更多的情况下你会和其他人一起观看，而不是自己一个人观看。但无论你怎么看，它也仍然是一部计算机。

原因是，计算机的影像能力越来越强，也就是说，它拥有良好的配置，可以把影像作为数据的一种方式，在计算机上加以处理和显示。无论是电信会议（teleconferencing）、多媒体出版（multimedia publications），还是一系列的模拟应用（simulation application），影像都成为所有计算机不可或缺的一部分。这一切变得太快了，如蜗牛般缓慢发展的电视，即使已数字化，也将向个人计算机称臣。

例如，高清晰度电视的发展节奏一直与奥林匹克运动会同步，一部分原因是为了借此增加在国际上的曝光机会，一部分则是想让观众体会它的一大叫得响的优势：壮观的体育活动场面近存眼前。在普通电视上，你不大可能真的看到冰上曲棍球运动员打的是什么球。正因为如此，1988 年，日本人在汉城（Seoul）夏季奥运会上，首次推出“高品质电视”，而欧洲人则利用 1992 年阿尔贝维尔（Albertville）冬季奥运会，推出了他们的 HD—MAC 电视（其后不到一年，这个产品就停止了开发）。

美国的高清晰度电视开发人员已建议，在 1996 年夏天的亚特兰大（Atlanta）奥运会上，展示封闭式体系结构的新型数字式高清晰度电视系统。问题是，时间已经太晚了，高清晰度电视很快就会胎死腹中。到时候，没有人会在乎什么高清晰度电视，2000 万美国人会利用他们个人计算机屏幕右上角的小小视窗，观看美国国家广播公司（National Broadcasting Company，NBC）的现场转播。英特尔公司和有线新闻电视网（CNN）在 1994 年 10 月，已经共同宣布了要提高这项服务。

比特的放送

理解未来电视的关键，是不再把电视当电视看待。从比特的角度来思考电视才能给它带来最大收益。电影也不过是数据广播的一种特别情况罢了。比特就是比特。

6 点钟的晚间新闻不仅能在你需要的时候传送给你，而且也能专门为你编辑，并且让你随意获取。如果你想在晚上 8 点 17 分观看汉弗莱·鲍嘉（Humphrey Bogart）[4]的老电影，电话公司通过双绞线，就可以提供你想要的节目。最终，当你观赏棒球比赛的时候，你可以选择从球场观众席中的任何位置甚至从棒球抛出的角度来欣赏。这些是数字化带来的真正变化，而不是要观众以两倍于现在电视的分辨率去收看“辛菲尔德”（Seinfeld）电视节目[5]。

当电视数字化以后，将会出现许多新的比特，告诉你关于其他比特的事情。这些比特可能只是简单的信息标题，告诉你有关分辨率、扫描速率（scan rate）、屏幕高宽比等情况，以便让你的电视能够发挥最大功率来处理和显示信号。这些比特可能代表解码算法（decoding algorithm），能为你解读玉米片盒上的条形码（bar code）所代表的奇怪信号。比特也可能来自十几条声轨（sound track）中的一条，让你在观看外国电影时，也能用母语来收听对白。这些比特也可能是某个钮的控制数据，能让你把 X 级的（X-rated，青少年禁看的，只供成年人看的）节目转换成限制级的（R-rated，一定年龄以下青少年除有家长或保护人陪同外不得观看的）或辅导级的（PG-rated，宜在家长指导下观看的）（反过来当然也可以）。今天的电视机能让你控制亮度、音量和频道，而明天却能让你改变电视节目中性与暴力的程度和政治倾向。

---

[4] 汉弗莱·鲍嘉（1899—1957），美国著名电影演员，以演硬汉著称。

[5] 1990 年开始在美国播放的一个喜剧电视节目，由喜剧演员杰里·辛菲尔德（Jerry Seinfeld）主演，极受观众欢迎。

大多数电视节目，除了体育赛事和选举结果之外，都不需要实时播出，这一点对数字电视举足轻重，但是却为大多数人所忽略。这意味着，我们在收看大多数电视节目时，就好像把资料下载（downloading）到计算机中一样，收看的方式不受比特转换速度的影响。更重要的是，一旦比特已输入机器中，你不需要依照比特在传输时的顺序来观看节目。突然之间，电视变成了一种可以随机获取的媒体，更像是一本书或一张报纸，可以浏览，可以调整，不再局限于某一时间或日期，也不受传送耗时的限制。

一旦我们不再把电视的未来仅仅和高清晰度电视画上等号，开始以最通用的形式——比特放送（bit radiation），来开创新的局面，电视就变成了一种完全不同的媒体。我们将开始在信息高速公路上发现许多更有创意也更迷人的新应用。除非“比特警察”（Bit Police）出来挡了我们的路。

4. 比特警察/建立新秩序

比特放送执照

信息和娱乐进入家庭有 5 个途径：卫星、广播、有线电视、电话和经过包装的媒介（例如磁带、光盘和印刷品等原子）。联邦通信委员会通过管制其中一些途径以及在其中流动的某些信息内容，来维护大众利益。它的工作难度很大，常常夹在保护和自由、公益和私利、竞争和垄断之间，障碍重重。

联邦通信委员会主要关注的一个问题，是用于无线通信的频谱。频谱被认为是公共财产，应当公正地、不受干扰地加以使用，并允许自由竞争，以达到丰富美国人民生活的目的。这些原则是非常合理的。因为假如缺乏这种监控，像电视信号这样的东西，就会和移动电话（cellular telephone）打架，无线电广播也可能干扰海事通信的甚高频信号[1]。天上的公路的确也需要一定的空中交通管制。

最近，部分频谱以非常高的价格被拍卖给了移动电话和互动视频公司。而其他某些部分则免费送人，据说，这些部分是将要用来为公共利益服务的。广告商赞助的电视就是这样的情况，因为它是“免费”收视的。而实际上，当你购买一盒汰渍洗衣粉（Tide）或其他广告上宣传的产品时，你等于还是付出了收视费。

联邦通信委员会已经提议，拨给现有的电视公司一个额外“通道”——6 兆赫的免费频谱以供高清晰度电视之用。条件是，电视台必须在 15 年内归还目前使用的频谱，这一频谱也是 6 兆赫的。这也就是说，15 年中现在的电视公司可以使用的频谱为 12 兆赫。联邦通信委员会的本意是（这个主意当然是可以改变的），给目前的电视台一段过渡期，使其逐渐转型到未来的电视。6 年前，当我们还把电视的发展当成从一个模拟世界进入到另一个模拟世界时，这个想法还很有道理；但是，突然地，高清晰度电视也在走向数字化。我们现在知道了怎样在 6 兆赫的信道上每秒传输 2000 万比特，而所有的规则可能在一夕之间完全改头换面，在某些情况下还会变得完全出乎意料。

想象一下，你自己拥有一家电视台，联邦通信委员会刚刚给你发了执照，准许你每秒传输 2000 万比特。你刚得到特批成为本地的比特放送中心。这个执照的原意是让你从事电视广播，但实际上你会怎样做呢？

---

[1] 甚高频（Very High Frequency，VHF），范围在 30～300MHz，即电视频道 2~13。

诚实点吧。除非万不得已，你才会用它来传送高清晰度电视节目。因为不但这种节目少而又少，收视人口也不成气候。稍微花点心思，你就会明白，你可以用它来传送 4 个频道数字式的、具备演播室效果的 NTSC 标准电视节目（每个频道的速率都是 500 万比特/秒），以此增加潜在的观众人数和广告收入。进一步考虑，你也许会作出另外一种决定，即用 1500 万比特/秒的速率传输 3 个频道的电视节目，把剩下的 500 万比特/秒的速率用来传输两种数字式无线电信号，一种作为股票数据广播系统，另一种则提供寻呼服务（paging service）。

到了深夜，当看电视的人数减少时，你可以利用你的执照把比特射入以太，以传送供人们在家里打印的个人化报纸。到了周末，你感觉分辨率在这个时期变得格外重要了（例如，要转播足球赛），你会把 2000 万比特中的 1500 万拿来作高清晰度电视转输之用。不夸张地说，在运用这 6 兆赫频谱或 2000 万比特时，你就是自己的联邦通信委员会，可以随心所欲地分配其用途。

当联邦通信委员会建议把新的高清晰度电视频谱分配给现有的广播电视业者以作为过渡时，委员会官员们脑中浮现的，完全不是这样一种景象。现在拼命想跨入比特放送业的群体，如果意识到现有的电视台不费吹灰之力，就可以在未来 15 年中，拥有两倍的频谱和四倍的广播能力，一定恨不得把这些人给杀了！

这是不是意味着，我们应该派遣“比特警察”来确保新的频谱和它所有的 2000 万比特/秒的速率都只用来满足高清晰度电视的需要呢？我希望不要这样。

会变脸的比特

在模拟的年代里，联邦通信委员会要分配频谱，比现在容易多了。它只需指着频谱的不同部分说：这部分给电视，这部分给广播，这部分给移动电话，也就可以了。频谱的每一块，都代表特定的通信或广播媒介，有各自的特性和异乎寻常之处，但对自己的特定目的则很清楚。但在数字化世界里，这些差异变得模糊不清，在某些情况下，甚至完全消失：所有的媒介都由比特组成。尽管有广播比特、电视比特和海事通信比特之分，但无论如何，彼此全都是比特，都具有多媒体容易混合和用途多样的特性。

未来 5 年里，电视广播将会发生非比寻常的变化，以致使人难以索解。很难想象联邦通信委员会能够或将会靠制订高清晰度电视、普通电视、广播等的比特配额，来管理比特的使用。市场必然成为更好的调节者。如果把比特用在电视或数据上能赚更多的钱，你就绝不会把所有 2000 万比特都用在广播上。你会根据现在是星期几、是一天中的哪个时刻、是不是假日、有没有特殊活动，来改变你的比特分配方式。具有这样的灵活性至关重要，只有那些能以最快的速度回应大众并最聪明地运用比特的人，才能成为大众最好的服务者。

在不久的将来，广播业者将会在传输信息的刹那间，才决定把比特通过何种媒介（例如，是电视还是无线电广播）来传输。当人们谈到“数字融合”（digital convergence）或比特放送时，正是指的这种情况。信息传输者会告诉接收者，我们传送的是电视比特、广播比特或现在传送的比特代表的是《华尔街日报》的内容。

在更遥远的将来，当比特离开传输端时，将不再局限于任何具体的媒介。

以天气预报为例。将来传送给你的将是一个有关天气状况的计算机模型，而不是传统的由气象播报员拿着地图和曲线图解说的老一套。关于气象的比特抵达你的计算机电视（computer-TV）之后，位于接收端的你，直接或间接地运用计算机的智慧，将比特转换成为有声的报告、印制出的地图，或是你喜爱的迪士尼卡通人物。聪明的电视机可以按照你喜欢的各种方式来完成这件工作，甚至可以随着你当时的情绪和意向而变换不同的面貌。在这个例子中，传送信息的传播业者根本不知道传送出去的比特最终会以何种面目——影像、声音，还是印刷品——在接收端出现。这由你决定。比特离开传播源之后，你可以把它们转换成各种不同的形式，用不同的方法来使用，凭借不同的计算机程序使之个人化；可以存档，也可以不存档，一切全都取决于你。

这就是真正意义上的数据播放（datacasting）和比特播放（bitcasting），它超越了我们今天的管制范围，这种管制假定信息传输者知道自己发出的到底是电视、广播还是数据信号。

很多读者也许都把我说的“比特警察”，当作和“内容检查制度”（content censorship）差不多的东西来理解。并非如此。消费者将扮演内容检查员的角色，他可以告诉接收器（receiver）选择哪类比特。比特警察出于习惯，想要控制媒介本身，这真是毫无意义。问题在于（这是个非常政治化的问题），联邦通信委员会提议把频谱拨给高清晰度电视使用，看起来有点像施舍。尽管委员会无意制造意外之财，特殊利益集团却决不会善罢甘休，因为这样一来，原本拥有大量带宽的人将会得到更多的带宽。

我相信联邦通信委员会不会笨得想当比特警察。它的任务是让先进的信息和娱乐服务在符合大众利益的情况下得到更多的发展。即使早期的少数大无畏的数据传播者可能会被华盛顿的官僚们生吞下去，但谁也无法限制比特放送自由，就像古罗马人无法阻止基督教的传播一样。

跨媒体经营

想想现代的报纸制作过程吧。记者通过电子邮件把报道内容传给报社，由计算机作文字处理。照片都是数字化的，也常常通过连线作业传送。版面设计由计算机辅助设计系统包办，它准备好全部的数据以制成胶片，或是直接制版。也就是说，从头到尾，报纸的整个概念和结构都数字化了，只有最后一步，即把墨水压到纸上除外。在这最后一步里，比特变成了原子。

现在，假设最后一步不是在印刷厂中进行，而是把比特以其本来形式直接传送给你。你可能为了方便，选择在家中把它打印出来（最好用再生纸，这样我们就都不必消耗那么多空白的新闻纸了。你也可能宁愿把它下载到膝上型或掌上型计算机（palmtop），或有朝一日，把它下载到你完全可以随心所欲操作的、只有1%英寸厚、全色彩、分辨率极高，而且防水的显示器上（它也许看起来恰似一张纸，并且有纸的味道，如果这样使你感到带劲的话）。不过，尽管传送比特的方式有很多，其中绝对少不了广播。电视广播可以向你传送报纸比特。

哎呀，这可糟了。一般来说，跨媒体经营的法令规定，业者不能在同一个地方，同时拥有报纸和电视台。在模拟的年代里，最容易的防止垄断、保障多元化的办法，就是限定经营者在任何一个城市中只能拥有一种媒体。媒体的多元化意味着内容的多元化。所以，假如你拥有一家报纸，你就不能再拥有一家电视台，反之亦然。

1987 年，参议员泰德·肯尼迪（Ted Kennedy）和欧内斯特·赫林斯（Ernest Hollings）在预算决议中增加了一个追加条款，防止联邦通信委员会随便延长暂时搁置跨媒体经营管制的时间。这一条款主要针对鲁珀特·默多克（Rupert Murdoch）[2]，他在波士顿（Boston）已拥有一家超高频电台，后来又在那里买下一家报纸。这个专门针对默多克的法案被称为“激光束法案”（laser beam law），几个月后就被法庭推翻了，但国会禁止联邦通信委员会改变或放弃跨媒体经营管制的决议仍然有效。

在同一个地方同时拥有报纸比特和电视比特，真的应该算违法吗？假如在复杂而又个人化的多媒体信息系统中，报纸比特不过是电视比特的延伸，又该怎么办呢？混合的比特，和以不同深度表现、不同品质显示的报道，只会使消费者得益。如果继续执行现有的跨媒体经营政策，美国公民岂不是被剥夺了享受尽可能丰富的信息的机会？如果我们禁止某些比特相互混合，就是在荒唐地自欺欺人。

有保障的多元化并不像人们想象的那样，依靠烦琐的法规而存在。

---

[2] 鲁珀特·默多克（1931—），美籍澳大利亚媒介大王，在全球拥有大量报刊、电台、电视台、出版社及电影制片厂。

这是因为，大一统的大众传媒帝国正逐步瓦解，分割为许许多多的家庭工业。随着我们开始上网，并传输越来越多的比特和越来越少的原子，拥有印刷厂将不再是什么了不起的事情。甚至在世界各地都派有常驻记者也不再那么重要，因为才华横溢的自由撰稿人已经发现，通过电子网络，他们可以直达你家。

今天的传媒巨子，明天拼命也难抓牢他们的中央集权媒体帝国。我坚信到了 2005 年的时候，美国人花在互联网络（不管那时人们怎么称呼它）上的时间，要大大超过他们收看电视网的时间。技术和人类天性的聚合力量，将比任何国会法案都更能促进多元化的发展。但是，万一我对未来的判断有误，而且为了暂时的过渡阶段着想，联邦通信委员会最好还是发挥想象力，寻找到一种代替工业化时代跨媒体经营法令的办法，以为数字化提供更多的激励和指导。

保护比特?

著作权法（copyright law）已经完全过时了。它是谷登堡[3]时代的产物。由于目前的著作权保护完全是个被动的过程，因此或许我们在修正著作权法之前，得先把它完全颠覆。

大多数人都从复制的容易程度这个视角，对著作权表示担心。在数

[3] 谷登堡（Johann Gutenberg，1398—1468），德国金匠，发明活字印刷术，包括铸字盒、冲压字模、浇铸铅合金活字、印刷机及印刷油墨，排印过《42 行吊经》等书。

字化世界里，你要担心的不仅是容不容易复制的问题，还得考虑一个事实：数字化拷贝不仅和原件一样完美，甚至，经由一些奇特的处理，拷贝可能会比原件更好。就像比特串的错误可以修改一样，拷贝可以清理、改进，噪声可以去除。于是，拷贝变得完美无缺。音乐产业就深明这个道理，因此对好几种消费电子产品都迟迟不予推出，其中包括著名的数字录音带（Digital AudioTape，DAT）。乍看之下，这么做好像没什么道理，因为即使在拷贝品质不佳的时候，非法盗版依然猖獗。在一些国家中，面上销售的录像带中，有 95%都是盗版。

今天，不同媒体对著作权的管理方式和态度可谓大相径庭。音乐界的情况广受国际瞩目，因此词曲创作者和演奏人员能够获得多年版税。“祝你生日快乐”的旋律已经是公共财产了，但是假如你希望在电影的某个场景中使用其歌词，你还必须付给华纳/查帕尔（Warner/Chappell）使用费。这似乎不合逻辑，但却是保护音乐作者和演奏者的复杂体系的一部分。

相反，对画家而言，作品一旦卖出，几乎就和他断绝了关系。依照观赏次数收费是不可能的。另外，在有些地方，把画拆成一部分一部分来卖，或未经画家允许，就把画复制在地毯或沙滩浴巾上，依然完全合法。美国直到 1990 年才制定了“视觉艺术家权利法案”（Visual Artists Rights Act），来制止这类破坏行为。所以，即使在模拟世界中，目前的制度也并非存在已久，不偏不倚。

这样算不算盗版呢?

在数字化世界中，这样算不算盗版呢？问题已不在于拷贝是否容易，以及拷贝是否更逼真。我们将看到一种新的欺骗行为，简直已经不能再叫做欺骗了。当我在互联网络上读到一篇东西时，抱着平常读报、剪报的心理，我想把它复制一份送给一个人，或通过邮件发送清单（mailing list）送给一群人阅读，这似乎无伤大雅。但是，只要再多敲几下键盘，我就可以把这篇文章传送给全球各地的几千人看（这和剪报的情形大不相同）。剪取比特和剪取原子可是有着天壤之别！

在今天的非理性互联网络经济体系中，采取上述的举动几乎不必破费一文钱。没有人很清楚地知道，在互联网络上谁要付钱，为什么而付钱，但对大多数用户来说，它似乎是免费的。即使将来情况有所改变，在互联网络上建立起了一种理性的经济模式，要把 100 万比特散发给 100 万人，可能也只需要花一两分钱。这种收费标准肯定不会像普通邮资或联邦快递的运费一样，因为那些标准都是建立在运送原子的基础之上的。

而且，阅读者将不仅是人，也有计算机程序；例如，它们会通读本书，并自动整理出一份摘要。著作权法规定，如果你对材料进行了总结整理，那么，这份总结的知识产权将归你所有。我怀疑立法者有没有想过，动手搞摘要总结的可能是没有生命的实体或是盗版机器人（robo-pirate）。

在美国，专利是由商务部（Department of Commerce，属于行政机构）来管理的，而著作权则完全不同，是由国会图书馆（Library of Congress，属于立法机构）来管理的。和专利法不同的是，著作权法保护的是构想的表现及其形式，而不是构想本身。这很好。

但是，当我们所传输的比特实际上并没有特定形式时，例如前面提到过的天气预报数据就是这样情况，那该怎么办呢？要让我说出天气预报的计算机模型算不算天气的一种表现形式，这实在是难为我。事实上，对一个完整而有效的计算机气象模型的最好描述是，它是一种对天气的模拟，它能够最大程度地接近于“实际情况”。当然，“实际情况”就是事物本身，而不是事物的一种表现。

天气的表现方式包括：以抑扬顿挫的语调“说明”天气状况的声音，一张有颜色、会动的可以“显示”天气状况的动画图表，或是能够打印出来的、用图解的方式“描绘”天气状况的气象图。这些表现方式都不是数据的内在组成部分，而是由一台半智能型（或智能型）机器具体制作出来的。而且，它们可能反映了你本人和你的品位，而不是那些地方性的、全国的或国际性的气象播报员的口味。这完全不涉及传输端的著作权问题。

再以股市为例。股价每分钟的波动状况可以用不同的方式组合。数据本身，像电话公司的电话号码簿一样，是没有著作权的。但是，描绘某一只股票或一组股票的走势图是绝对可以享有著作权的。而这种数据表现形式正越来越多地由接收端而不是传输端来赋予，因此使著作权保护的问题益发复杂。

这种“不具特定形式的数据”，能在多大程度上推广到更特殊的材料上呢？它能用在新闻报道上（有可能）呢，还是小说上（比较难于想象）呢？当比特就是比特的时候，我们会碰到一堆新问题，而不只是盗版这种老问题。

媒介不再是信息。

5. 随心所欲多媒体

新瓶装旧酒

在短短一年之间，麦当娜（Madonna）[1]创出了12亿美元的销售佳绩，这引起了时代—华纳公司（Time-Warner）的注意，因此，它在1992年与这位34岁的前密执安啦啦队长签订了价值6000万美元的“多媒体”合约。当时，看到人们用“多媒体”来形容互不相干的传统的印刷品、唱片和电影的大杂烩，我惊讶无比。从那以后，我几乎每天都在《华尔街日报》上看到这个词，通常都用作形容词，意思囊括了“互动的”、“数字的”和“宽带的”等所有东西。一篇报道的标题是《唱片店让位于多媒体商店》。似乎假如你身处信息和娱乐服务业，而居然还没有制订跨入多媒体的计划的话，你很快就要没戏唱了。这究竟是怎么回事呢？

[1] 麦当娜，美国歌坛超级巨星。

多媒体一方面代表新的内容，另一方面也代表用不同的方式来看旧内容。多媒体即是本质上互动的媒体，随着比特数字通用语的出现而产生。同时，它也与计算机成本降低、威力增大和呈爆炸式增长的局面息息相关。

媒介公司千方百计地想要销出它们的旧比特（包括麦当娜的畅销歌曲），在它们的推波助澜之下，多媒体的技术影响日益加大。也就是说，媒介公司不但重新启用了音乐和电影资料馆里的收藏，而且更扩大了声音和影像的使用，并把它们同数据结合起来，以各式各样的包装，通过多种渠道，将其运用在各种可能的用途上。所有公司都下定决心，重新规划旧比特，期望以低成本获取高利润。

假如制作 30 分钟的情景喜剧要花去哥伦比亚广播公司（Columbia Broadcasting System，CBS）或福克斯广播公司（Fox）50 万美元，那么脑筋再不灵的人也会想到，如果重新启用现有资料库里的东西，比如说 1 万小时的影片，将是一笔上好的买卖。即使你保守地把旧比特的价值估计为新影片的 1/5，你的收藏都值 2 亿美元。蛮不错嘛！

每当新媒体诞生时，都必然会出现这种新瓶装旧酒的现象。电影改编舞台剧、收音机重播演出实况，以及电视台重播旧电影的现象比比皆是。因此，好莱坞迫不及待地想把旧影片改头换面，或把它们同音乐、文字融合在一起，也就不足为奇了。问题是，应伴随着这种新媒体而来的真正多媒体素材，在早期却难以得到。

真正能够利用多媒体的优势，并且能定义多媒体的信息和娱乐服务业，需要一段时间才能发展起来。其发育期必须足够长，以使它能够总结成功经验，吸取失败教训。因此，今天的多媒体产品就好像是具有优良基因的新生儿，还没有发育成熟、形成强健的体魄和独特的个性。大多数多媒体应用都有点贫血，不过是一种或另一种形式的投机而已。

但是，我们学得很快。

摩登电子夜总会

纵观历史，新媒体的孵化可能需要很长的时间。曾经，电影工作者花了很多年才想到可以移动电影摄影机（movie camera），而不是仅仅让演员在镜头前移来晃去。又经过了 32 年，他们才想到为影片加上声音。新的构想时不时地冒出来，为电影和电视业增添了许多新内容。多媒体的发展也会经历同样的过程。在我们发展出健全的概念之前，反刍旧比特的情况将会不断重演。对《小鹿斑比》（*Bambi*）这样的比特而言，这种处理方式还可以接受，但对《魔鬼终结者第二集》（*Terminator* 2）这类影片而言，新瓶装旧酒可就不够精彩了。

多媒体光盘（一种原子形式）在儿童市场上特别受到欢迎，因为孩子们格外喜欢一遍又一遍地看或听同样的故事。我在 1978 年买了先锋公司（Pioneer）首次推出的激光影碟机（LaserDisc Player）当时，以激光碟形式存在的影片只有一部，即《追追追》（*Smokey and the Bandit*）。我的 8 岁的儿子早就准备好要把这部电影看上几百遍，后来，他真的把它看得滚瓜烂熟，甚至连一些极细微的剪接错误的镜头，都逃不过他的法眼。例如，在其中一个画面中，演员杰基・葛里森（Jackie Gleason）站在车门的一边，在下一个画面中，他却移到了车门的另一边。这类失误在每秒出现 30 帧画面的速度下，往往难以觉察。而在后来发行的《大白鲨》（*Jaws*）中，我儿子也花了无数时间，在一个画面中找到了鲨鱼身上的电线。

在这段时间里，“多媒体”的意思是五光十色的摩登电子夜总会，摇滚乐和光影相映生辉。美国国防部（Department of Defense，DOD）曾特别要求我在一份项目建议书上删去“多媒体”字样，唯恐我会从威廉·普罗斯麦（William Proxmire）参议员手中拿到臭名昭著的“金羊毛奖”（Golden Fleece Award）。这个奖项每年都颁发给钱花得最冤的政府资助研究项目，并因此惹来许多负面报道（1979 年 12 月，当时的教育局就不那么走运：一位研究人员因为花了 219592 美元来编写教大学生如何看电视的一揽子教程而荣获金羊毛奖。）

但当我们在计算机屏幕上展示配有彩色插图的文件时，所有的人都看得目瞪口呆，因为只要他们用手指一碰插图，插图就会立即变成有声电影。那一时期的实验效果尽管稍差，但却开了个好头，今天的一些最好的多媒体产品都是当时那些实验的高价值翻版。

多媒体诞生了

1976 年 7 月 3 日深夜，以色列在乌干达的恩德培（Entebbe，乌干达南部城市）机场发动了一次极为成功的奇袭，一举救出了被亲巴勒斯坦游击队扣押的 103 名以色列人质，当时乌干达独裁者伊迪·阿明（Idi Amin）为这些游击队提供了安全庇护。在 1 小时的救援行动中，以色列士兵击毙了 20 到 40 名乌干达士兵，7 名劫机者也全部身亡，但只有 1 名以色列士兵和 3 名人质丧生。

这次奇袭给美国军方留下了深刻的印象，它要求高级研究计划署（Advanced Research Projects Agency，ARPA）调查如何以电子方式，让美国突击队也接受使以色列人得以在恩德培冒险取胜的训练。

以色列人的做法是在沙漠中按照一定比例建造一座恩德培机场的实体模型（这对以色列人来说易如反掌，因为这个机场是当以色列和乌干达的关系还十分友好时，由以色列工程师设计的）。然后，突击队在精确的模拟环境中，演练登陆和撤离，乃至实战攻击。在他们抵达乌干达展开实际行动之前，他们已经对恩德培机场了如指掌，可以在现场表现得和当地人没什么两样。这个办法真是既简单、又绝妙！

然而，建造实体模型的办法并不具有普遍意义，因为我们不可能挨个模拟人质被扣的环境，或逐一复制可能成为恐怖分子目标的机场和大使馆建筑。我们需要用计算机来做这件事。这一回，我们又得使用比特而不是原子。但是单靠类似飞行模拟器（flight simulator）中使用的计算机制图，显然是不够的。无论我们发展出什么系统，都必须具有好莱坞电影布景般的逼真度，以造出一种实地氛围和对周围环境的真实感觉。

我和我的同事提出了一种简单的解决办法。这就是，利用影碟（videodisc）让使用者在开车的时候，觉得好像在驶过真正的街道。我们选择了科罗拉多州（Colorado）的阿斯彭（Aspen）作为试验点（冒着获金羊毛奖的危险），觉得当地的街道排列和城市规模还算简单，可以应付得来；同时，住在那儿的人也相当古怪，当我们在不同的季节里，花几个星期的时间，驾着一辆自制的摄影车穿梭于大街小巷时，他们竟丝毫不以为意。

这个系统运作的方式很简单。我们从不同的方向拍摄每一条街道，每 3 英尺就拍一个画面。同样地，我们也从两个不同的方向拍摄每个转弯处。通过把笔直的街道录在一张影碟上，而把弯道录在另一张影碟上，计算机能够天衣无缝地为你提供驾驶经验。当你在影碟机甲所播放的影碟中，把车子开到十字路口时，影碟机乙会在这个路口待命。一旦你决定了要向右转或向左转，影碟机乙会放映出你所选择的转弯方向的画面。当你忙着转弯时，影碟机甲正好趁这个空当，寻找你转弯后将要进入的直道的画面，待转弯完毕，影碟机甲又会巧妙地带你驶过笔直的新街道。

在 1978 年，阿斯彭计划简直像魔术一般。你可以从车窗里望出去，停在一座建筑物前面（譬如警察局），一直走进去，与警察局长交谈；可以选择不同的季节，再看看 40 年前的建筑物是什么样子。你还可以参加有导游的游览活动，乘坐直升机俯瞰城市，把整个城市变成动画，到酒吧里买醉；同时，留下足迹，像阿里阿德涅[2]的线团一样，让它带你回到最初的起点。

“多媒体”由是诞生。

由于这个计划的成功，美国军方特意请人承包建造实地工作模型，想要对抗恐怖分子的攻击，保护使馆和机场。具有讽刺意义的是，他们第一个要模拟的地方就是德黑兰。可惜！还是慢了一步。[3]

---

[2] 阿里阿德涅（Ariadne），希腊神话中米诺斯（Minos）国王的女儿，曾给情人忒修斯（Theseus）一个线团，帮助他走出迷宫。

[3] 1979 年 11 月 4 日，一群伊朗学生袭击美国驻德黑兰大使馆，随后演变成劫持美国人质的事件，经过一年多才解决。

90 年代的 Beta 系统

今天，大多数的多媒体产品都以光盘的形式发行，面向消费市场。美国大多数 5～10 岁的孩子和越来越多的成年人都使用过光盘。1994 年圣诞节期间，美国市面上出现了 2000 余种消费性光盘。而现在全球各式各样的光盘大约超过 10000 种。1995 年，几乎每台卖出去的计算机都装有光盘驱动器。

用作只读存储器（Read-Only Memory，ROM）的光盘，今天其容量可达 50 亿比特（只能单面使用，因为这样容易生产）。未来几年内，单面光盘的存储容量可以提高到 500 亿比特。考虑到一份《华尔街日报》大约包含 1000 万比特，50 亿比特已经是个十分庞大的数目了（这样的话，一张光盘就可以容纳将近两年的《华尔街日报》的内容）。换个角度想，一张光盘代表了大约 500 本古典名著的容量，即使是那些一星期能读两本小说的人，这些书也够他们读 5 年的。

但从另一个角度看，50 亿比特也并不那么多；它只不过相当于 1 小时的压缩影像。如此说来，50 亿比特的容量往大了说也不过是刚刚好而已。短期可能出现的情况是，光盘会大量使用文字——这在比特运用上比较经济——以及许多静止画面（still），外加一些声音，而活动的影像却只是一些片段。具有讽刺意味的是，照这样发展，光盘会让我们读得更多，而不是更少。

然而，从长远来看，决定多媒体前途的，不是这种成本只有半个美金的塑料盘，或 50 亿乃至 500 亿比特的光盘容量，而将是日益壮大的联机系统（on-line systems），其容量实际上没有止境。《连线》杂志的创办人路易斯 • 罗塞托（Louis Rossetto）将光盘只读存储器形容为“90年代的 Beta 系统”，意思是它像 Beta 制大尺寸磁带录像系统（Betamax）一样，最终难逃没落噩运。[4]

他说得没错，往长远看，多媒体将主要是一种网络现象。不过，尽管上网和自己拥有光盘只读存储器有经济模式上的不同，但通过宽带传输，两者的功能却不分轩轾。

无论采取哪种方式，多媒体都将为编辑工作带来根本性的变化，因为在深度和广度上，将不会再有顾此失彼之憾。当你购买印出来的百科全书、世界地图集，或关于动物王国的书籍时，你希望看到的是对广泛话题的包罗万象的描述。相反，当你买一本谈威廉 •退尔（William Tell）[5]、阿留申群岛（Aleutian Islands）[6]或袋鼠的书时，则希望得到关于这个人、这个地方或这种动物的深度介绍。在原子的世界里，物理上的限制使人们无法同等兼顾深度与广度，否则的话，你想要的书可能厚达 1 英里。

在数字世界中，深度/广度问题消失了，读者和作者都可以自由优

[4] 在 20 世纪 70 年代末和 80 年代初的磁带录像机制式大战中，索尼公司开发的 Beta 制大尺寸磁带录像系统最终被 JVC 公司开发的 VHS 制家用录像系统击败，使家用录像机市场成为 VHS 制式的统一天下。

[5] 威廉 • 退尔，瑞士传说中反奥地利统治、争取瑞士独立的民族英雄，被迫用箭射落置于其子头顶的苹果，结果成功，儿子安然无恙。

[6] 位于美国阿拉斯加州西南部。

游于一般性的概述和特定的细节之间。事实上，“多告诉我一些”（tell me more）这一概念正是多媒体十分重要的组成部分之一，同时它也是“超媒体”（hypermedia）的根基。

没有页码的书

“超媒体”是“超文本”（hypertext）的延伸，超文本这个词指的是互联程度很高的文字叙述，或具有内在联系的信息。这个构想脱胎于道格拉斯·恩格巴特（Douglas Englebart）在斯坦福研究院（Stanford Research Institute）所做的实验，名称则源于泰德·尼尔森（Ted Nelson）于 1965 年左右在布朗大学（Brown University）的研究。在印刷的书籍中，句子、段落、页码、章节按顺序排开，这一顺序由作者决定，同时也由书籍本身的物理序列结构所决定。尽管你可以任意翻阅一本书，你的视线可以随心所欲地停留在书中的任一部分，但是书籍本身仍然永远受限于物理的三维空间（three dimensions）。

数字世界的情况却全然不同。信息空间完全不受三维空间的限制，要表达一个构想或一连串想法，可以通过一组多维指针（pointer），来进一步引申或辨明。阅读者可以选择激活某一构想的引申部分，也可以完全不予理睬。整个文字结构仿佛一个复杂的分子模型（molecular model），大块信息可以被重新组合，句子可以扩张，字词则可以当场给出定义（希望在这本书中，你还不需要太多的定义）。这些连接可以由作者在“出版”著作时自行嵌入，也可以在出版后，由读者在以后的时间里陆续完成。

你可以把超媒体想象成一系列可随读者的行动而延伸或缩减的收放自如的信息。各种观念都可以被打开，从多种不同的层面予以详尽分析。我能想到的最好的纸张对应物是基督降临节的日历（Advent Calendar）。但是，当你开启了小小的电子（而不是纸张）之门时，你看到的可能是一个因情境不同而情节各异的故事；或者，就像在理发店两排相对的大镜子里一样，看到的是影像之中的影像之中的影像。

所有的多媒体都隐含了互动的功能。如果你想要的只是被动的经验，那么闭路字幕电视（closed-captioned television）[7]和打上字幕的电影早已符合了结合影像、声音和数据的多媒体定义。

多媒体产品不仅包括互动式电视（interactive television），也包括能够放映影像的电脑（video-enabled computer）。正如我们先前所说的，两者的差异极小，而且还在变得更小，最终将合二为一。许多人（特别是家长）把"互动视频"（interactive video）想成任天堂（Nintendo）和世嘉（Sega）及其他厂家出产的激烈的电子游戏。有些电子游戏需要剧烈的身体动作，必须换上运动服才能玩。然而，操作未来的电视却不一定需要长跑布谷（Road Runner）[8]那样的高强体能，或是简·方达（Jane Fonda）[9]般的矫健身手。

今天，由于多媒体设备仍很笨重，我们多半是在书房或起居室中操

---

[7] 闭路字幕用于装有解码器的电视屏幕，能够帮助聋哑人等收看电视节目。

[8] 原为一种布谷鸟的俗称，因在早期大路上有随马奔跑的习惯，故名，后在华纳影片公司的动画片和其他连环画中出现。

[9] 简·方达（1937—），美国著名电影演员，她自创的健美操曾风靡一时。

作多媒体。即使出现了膝上型电脑，其蚌壳式设计仍然使它无法成为非常个人化的信息设备。一旦我们有了小而薄、明亮、灵活、分辨率高的显示器以后，情况就会完全改观。多媒体会变得更像一本书，你可以蜷缩在床上摆弄它，通过它和别人对话，或是听一段故事。有朝一日，多媒体会让你感觉像纸一样轻巧，像皮革一样味道丰富。

很重要的一点是，不要只把多媒体视为个人世界的博览会，或是结合了影像、声音和数据的“声光飨宴”。多媒体领域真正的前进方向，是能随心所欲地从一种媒介转换到另一种媒介。

优游不同的感官世界

在数字世界里，媒介不再是信息。它是信息的化身。一条信息可能有多个化身，从相同的数据中自然生成。将来，广播公司将会传送出一连串比特，像前面提到过的天气预报的情形一样，让接收者以各种不同的方式加以转换。观众可以从许多视角来看同样的比特。

以体育运动为例。你的计算机电视可以把接收到的足球比特转换成录像供你观赏；也可以用声音的方式来接收这些比特，让你收听体育节目主持人的转播；或者干脆把比赛的图解演给你看。在每一种情况下，你收看的都是同一场球赛和同一堆比特。当这些比特单单被转换为声音时，声音媒介迫使你只能边听边想象球员的动作，但却不会耽误你开车。当比特被转换为录像时，发挥想象的余地少多了，但你却很难看清球队的技战术，因为球赛中场面混乱，还常有人压人的景象。在比特被转换为图解的时候，这个问题就迎刃而解了，双方的攻防策略一览无余。在这三种媒介转换方式之间来回游动是可能的。

一张关于昆虫学的光盘，可以作为另外一个例子。这张光盘的结构会更像一家游乐场而不是一本书。不同的人可以用不同的方式来探索光盘的内涵。最好能以线条画出蚊子的结构，以动画表现蚊子的飞行动作，而以声音表达出它的嗡嗡叫声。但是，我们不需要为每一种表现方式建立不同的数据库，或让每一种方式都成为个别创造的多媒体经验。这种方式可以出自同一个来源，并且能从一种媒介转换成另一种媒介。

思考多媒体的时候，下面这些观念是必不可少的，即它必须能从一种媒介流动到另一种媒介；它必须能以不同的方式述说同一件事情；它必须能触动各种不同的人类感官经验。如果我第一次说的时候，你没听明白，那么就让我（机器）换个方式，用卡通或三维立体图解演给你看。这种媒介的流动可以无所不包，从附加文字说明的电影，到能柔声读给你听的书籍，应有尽有。这种书甚至还会在你打瞌睡时，把音量放大。

跳跃的静态照片

在这种从一种媒体自动转换为另一种媒体的过程中，最近的一大突破是沃尔特·本德（Walter Bender）和他的学生在媒体实验室中取得的。他们的研究叫做“跳跃的静态照片”（salient stills）。他们提出的问题是，怎样才能把数秒钟内出现的影像当作静态照片印出来，并使这个静止影像的分辨率比任何一幅单独画面都高出一个数量级（order of magnitude）呢？8 毫米录像的任一幅画面的分辨率都只有 200 多条扫描线，与 35 毫米的幻灯片比起来（它有 1000 多条扫描线），显得很低。

答案是，把分辨率从时间中抽离出来，瞬时往前和往后多看几个画面。

结果，他们研究出了一种可以从寒酸的 8 毫米录像中产生非常高品质的影像照片（3 英寸×4 英寸柯达彩色照片）的工艺。这些静态照片的分辨率超过 5000 条线。这意味着从美国人藏在鞋盒里的数十亿小时的 8 毫米家庭录像片中筛选出的片段，可以转化为肖像照或是圣诞卡片，或是印出来存放在相册中，其分辨率与一般的 35 毫米快照没什么两样，甚至更胜一筹。

你可以从 CNN 的电视胶片（footage）中把突发新闻的画面录下来，放在报纸的头版上，或作为《时代》（*Time*）杂志的封面。不必再依赖我们过去有时会看到的那些模糊图片了，它给人的感觉仿佛是透过一个脏兮兮的铁栅看世界。

“跳跃的静态照片”实际上是从来不曾存在过的影像，它代表的是从好几秒的画面中制成的一幅静止画面。在这段时间内，摄像机镜头可能已伸缩或移动，画面中的物体也许亦变换了位置。尽管如此，得到的影像仍然光彩夺目，毫不含糊，分辨率奇高。这种静态照片从某种程度上说反映了摄制者的真实意图，因为它在摄像机快速移近或移开的地方加进了更高的分辨率，也在镜头摇摄时，拉大了景宽。运用本德的方法，快速移动的元素，如一个人走过舞台，会被舍弃，而代之以暂时稳定的元素。

这种“多媒体”的例子包含了从一维（时间）转换到另一维（空间）的经验。最简单的例子就是当我们把演讲（声音的范畴）整理成印刷品（文字的范畴）时，用标点符号来表示其中的抑扬顿挫。或者是在一部剧本的对白旁附加许多表演提示，帮助演员掌握这个剧的调子。这些形式都可归入多媒体的范围之内，只不过常常被人忽略。但是，它们也是这个庞大事业的一部分。

6. 产业大变革/比特市场

没有比特，就没有前途

谈到预测和发动变革时，我认为自己是个极端主义者。即使这样，当变革事关技术、法令和新的服务业的发展时，事情的演变速度还是快得超出我的想象——电子公路上显然没有速度限制。这有点像以时速 160 公里行驶在高速路上一般。我刚刚弄明白自己的车速有多快，呼的一下，一辆奔驰急驰而过，接着又是一辆，然后第三辆又绝尘而去。哇！它们的时速一定有 120 英里。[1]这就是信息高速路快车道上的生活。

尽管变动的速度比过去任何时候都快，带动创新步调的却不再是晶体管（transistor）、微处理器或光纤等科学突破，而是像移动计算、全球网络和多媒体这样的新的应用。这部分地是因为现代芯片的装配设备

[1] 合 193 公里。

成本高得令人咋舌，非常需要以各种新的应用方式，来消耗芯片中所有的计算能力和存储容量；同时，这也是基于在硬件开发的许多领域，我们已经非常接近物理极限了。

光波行进 1 英尺需要大约十亿分之一秒，这个事实不太可能改变。当我们把计算机芯片越做越小时，它们的速度可能会加快一点。但要想在计算机的整体威力上有大的突破就必须设计新的解决方案，例如，让许多机器同时运行。目前，计算机和电信上的重大变化都来自应用层面，这种变化根源于人类的基本需求，而不是基本的材料科学。华尔街也注意到了这一点。

最近，素负盛名的作家兼工程师、贝尔科公司（Bellcore，它从前是 7 家小贝尔公司唯一的研究机构）负责应用研究的副总裁鲍勃 • 拉基（Bob Lucky）提到，他不再依赖阅读学术出版物，来了解最新的科技发展，而是求助于阅读《华尔街日报》。假如你想眺望“比特”产业的未来，最好的办法之一就是把望远镜的三脚架分别伸入美国的企业、商业界和法规制定部门，在纽约证券交易所（NASDAQ），美国证券交易所和全国证券交易商协会自动报价表系统都插上一脚。

当 QVC 公司和维康公司（Viacom）争相收购派拉蒙公司（Paramount）时，分析家曾宣称赢家也将是输家。不错，派拉蒙自从维康向其求婚后，财务状况一路直线下滑，但即使这样，它仍然是维康心中的尤物，因为它现在拥有的比特种类更广泛了，无论是萨姆纳 • 瑞德斯顿（Sumner Redstone，维康公司老板）还是巴里 • 迪勒（Barry Diller，派拉蒙老板）都很清楚，假如你的公司只制造一种比特，前途就岌岌可危。派拉蒙的故事是关于比特的，和老板们的自尊心无关。

比特的价值很大一部分要看它能不能重复使用。从这个角度上看，米老鼠比特可能要比阿甘（Forrest Gump）比特值钱得多。米老鼠比特甚至会以冰棒的形式出现（成为可消耗的原子）。更有趣的是，每 1 小时就会有超过 12500 个新生命在不断壮大迪士尼（Disney）忠实观众的阵营。1994 年，迪士尼的市场价值是 20 亿美元，远胜于贝尔大西洋公司（Bell Atlantic），尽管后者的销售额比迪士尼高出 50%，利润也是它的两倍。

比特的运送

运送比特是比深陷杀价竞争泥潭的民航业还要糟糕的生意。电信业受制到了非常厉害的程度：尼奈克斯公司（NYNEX）只能在纽约市布鲁克林区（Brooklyn）最阴暗的角落设置电话亭（这种电话亭的寿命只有 48 小时），而不受管制的竞争者却可以把电话亭设在繁华的第五大道（Fifth Avenue）和公园大道（Park Avenue）上，乃至航空俱乐部的休息室中。

更糟的是，电信业的整个价格体系都即将瓦解。今天的通信费用是由通信的时间、距离的长短或比特的数量来决定的，这三种标准很快都将成为空头标准。现有体系在时间（从 1 微秒到 1 天）、距离（从 1 英尺到 50000 英里）和比特（从 1 比特到 200 亿比特）三方面的各种极端情况的冲击下，正在出现巨大的裂缝。过去，当各方面的差异还没有这么极端化时，这种体系运行得还不错。当你使用 9600 比特/秒的调制解调器时，会比 2400 比特/秒的调制解调器通信时间更短，因而可以少付

75%的费用。但是，谁会在意其中的差别呢？

然而，现在影响面扩大了，我们的确很在意费用的差距。以时间为例，假如不考虑传输速度和比特数量的话，是不是我就得相信看两小时电影和进行 30 次不同的为时 4 分钟的通话，应该付同样的钱呢？假如我可以用 120 万比特/秒的速率发传真，那么，我需要付的费用真的只有目前传真价的 1/125 吗？假如我在采用非对称数字用户环线的电影频道上，以 16000 比特/秒的速率附带传输声音的话，我真的只需要为两小时的通话付 5 分钱吗？假如我岳母出院回家的时候，带着一个远程监控的心脏起搏器，必须利用一条通到医院的开放线路，以便医院每小时监控几个随机布置的比特，我们能像计算《乱世佳人》（*Gone With the Wind*）影片的 120 亿比特的传输费用一样，为这类比特计费吗？试着弄清楚这个商业模式看看！

我们必须发展出一套更聪明的办法。这种办法可能不是把时间、距离或比特数当作主要变数和计费标准。也许应该让大家免费使用带宽。我们根据所购之物的价值来购买电影、远程健康监控设备和文件，支付的费用中并不包括传输信道费。如果根据玩具中所包含的原子数量，来决定玩具的出售价格的话，未免有些不近情理。现在该是好好了解比特和原子所代表的意义的时候了。

如果一家电信公司的管理层，将公司的长远战略仅仅局限在运送比特上，那绝对不符合股东的最大利益。拥有比特或使用比特的权利，以及大大提高比特的附加价值，都必须是公司长远战略的一部分。否则的话，将无法增加收益，电话公司会面临灭顶之灾。因为，在这一行业中，电话服务正迅速变为一种商品，其价格由于激烈的竞争和越来越多的带宽而日益跌落。

在我逐渐长大成人的时候，每个人都痛恨电话公司（成年后，我把保险公司列为第一讨厌的东西）。20 世纪 50 年代，每个小孩肚子里几乎都藏着一些骗电话公司的诡计，大家都把它当成冒险游戏一样，乐此不疲。今天，有线电视公司荣幸地成为新靶子，因为许多有线电视公司服务不佳，却还不断涨价。更糟的是，它们并不是“大众传输工具”，这帮人还控制着线路中的传输内容。

由于最初开播有线电视的本意是进行多种社区服务，有线电视业享尽了不受管制的垄断行业的种种好处。当有线电视经营者开始组合、发展成为全国性网络时，人们才注意到这些公司确实不仅控制了电信通道，同时也控制了传播内容。和电话公司大不相同的是，除非在地方性和社区性服务上，它没有义务提供“路权”（right-of-way）。

电话业的管制建立在一个简单的原则基础之上：每个人都有权使用电话线路。但是，假如宽带系统比较接近今天的有线电视系统而不是电话网络的话，那么情势就变得暧昧不明了。假如给予他们选择的机会，频道拥有者是否会欣然迎纳节目内容的拥有者，而置公平的原则于不顾呢？对此，美国国会怀有深深的不安。假如你既拥有频道，又能掌握传播内容，你还能维持超然的立场吗？

换句话说，假如美国电话电报公司和迪士尼公司合并的话，小朋友观赏迪士尼出品的米老鼠卡通，是不是就会比观赏兔宝宝（Bugs Bunny）卡通便宜许多？

跟谁结盟？

1993 年秋，当贝尔大西洋公司同意以 214 亿美元，买下有线电视巨头电信公司（Tele-Communications Inc.，TCI）时，研究“信息高速公路”的学者都把它视作一个重要信号：数字化时代真正到来了！这次购并仿佛就是剪彩仪式。

然而，这一购并不仅有悖于相关法规的逻辑，也有违常识。电话和有线电视从来就是对头，法规也排除同时经营这两类业务的可能性，并且，环状和星状网络更是水火不相容。此举单单投资水平之高就已令人瞠目结舌。

4 个月后，当贝尔大西洋公司与电信公司的交易告吹时，钟摆又荡向另一个极端，新的论调出现了：购并的失败将延迟信息高速公路建设的工期。数字化时代骤然之间又显得遥遥无期了。电信公司的股票价格下跌了 30%，其他相关的公司也遭池鱼之殃。庆祝的香槟只好再倒回酒瓶之中。

但我的观点是，这并不是多么严重的灾难。事实上，贝尔大西洋公司和电信公司的协议是最没有意思的企业购并案之一。

这有点像销售不同尺寸水管的两个供应商决定要合并产品目录一样。这场购并根本与深层次的传播频道与内容的结合无关。频道与内容的结合，意味着比特生产和比特传输连成一体。1994 年，迪士尼公司和好莱坞之王迈克尔·奥维兹（Michael Ovitz）[2]各自与

[2] 迈克尔·奥维兹，好莱坞著名经纪人，美国娱乐业最大的演员介绍所 Creative Artists Agency（CAA）的创始人。现任迪士尼公司总裁。

3 家地区性电话公司结盟，这才是更有趣的事情。

消费电子业一直试图与娱乐公司结盟。原则上说，这是个强有力的想法，但到现在为止，却未见多少协调成功的例子，原因在于各种各样的文化差异。当索尼公司（Sony）斥资购买 CBS 唱片公司（CBS Records）和当时的哥伦比亚影片公司（Columbia Pictures）时，美国一片哗然。就像洛克菲勒中心（Rockefeller Center）易主一样，日本人的一掷千金，引发了一场关于国家文化遗产是否不仅在象征意义上而且在实际形式上也已为外国所控制的争论。当松下公司（Matsushita）在不久之后买下 MCA 公司时，美国人更加震惊，因为 MCA 公司的董事长刘・瓦瑟曼（Lew Wasserman）在许多人心目当中，是最能代表美国作风的企业领袖。我还记得，当我在第一次石油危机后造访 MCA 公司总部时，看到电梯按钮上贴了一张纸，上面写着瓦瑟曼的话："为了你的健康和你的国家，请向上爬一层楼梯，或向下走两层楼梯。"这些购并案制造了巨大的文化鸿沟，这道鸿沟不仅横亘于美国人和日本人之间，也横亘于工程师和艺术家之间。到目前为止，日本人购买的公司都经营得并不成功，我怀疑将来也不可能成功。

文化融合

技术和人文科学、科学和艺术、右脑和左脑之间，都有着公认的明显差异（不管这种差异有多少是人为的）。刚刚萌芽的多媒体很可能像有些学科——比如建筑学——一样，在这些领域之间架起桥梁。

电视的发明纯粹是由于技术上的推动。当费罗·法恩斯沃斯[3]和弗拉基米尔·兹沃尔金[4]等先驱在1929年盯着邮票般大小的电子影像时，他们纯粹是受了技术本身价值的驱使而想方设法改进技术。虽然兹沃尔金早期对电视的使用有一些天真的想法，他在晚年却大失所望。

前麻省理工学院院长杰罗姆·魏思纳（Jerome Wiesner）曾经讲过一个故事。魏思纳是肯尼迪总统[5]的密友，曾经担任过总统科学顾问。某一个星期六，兹沃尔金到白宫拜访魏思纳，魏思纳问兹沃尔金有没有见过总统，兹沃尔金答没有。于是魏思纳带他穿过大厅去见总统。魏思纳向总统介绍来客时说，这位就是“使您得以当选总统的那个人”。肯尼迪十分惊讶，问：“怎么说呢？”魏思纳解释说：“这位就是发明电视的人。”肯尼迪表示，这真是一个伟大的成就。兹沃尔金揶揄他道：“您最近看过电视吗？”

技术的需要——也只有这些需要——推动了电视的发展。然后，电视就被交到了一群无论在价值观、还是在知识的亚文化背景方面，都与科学家迥异的创造性天才手中。

---

[3] 费罗·法恩斯沃斯（Philo Taylor Farnsworth，1906—1971），美国工程师，电视的先驱，1927年传送图像成功，1935年完成电视系统，创建法恩斯沃斯无线电和电视公司（1938），共获电视、无线电等专利165项。

[4] 弗拉基米尔·兹沃尔金（Vladimir Kosma Zworykin，1889—1982），俄裔美国电子工程师、发明家，电视的先驱，发明光电摄像管（1923）和显像管（1924），首次形成全电子电视系统，后又研制出彩色电视装置（1928）。

[5] 约翰·菲茨杰拉德·肯尼迪（John Fitzgerald Kennedy ，JFK，1917—1963）美国第35任总统，1961年与理查德·尼克松竞选总统时，首次进行电视辩论。

另外，摄影术是由摄影师所发明的。改进摄影技术的人出于艺术表达方面的目的，而不断精研技术，以满足这门艺术的要求。这就好像作家创造了浪漫小说、散文和漫画等不同形式，以表现不同的构想一样。

个人计算机已经使计算机科学离开纯粹的技术需求，走上与摄影术相同的发展道路。计算已不再是军队、政府和大企业的专利。它正在直接转入社会各阶层的极具创造力的个人手中，通过使用和发展，成为他们创造性表达的工具。多媒体的手段和信息将会集科技和艺术成就于一身，其背后的推动力将是人们对消费性产品的需求。

在全球拥有 150 亿美元市场的电子游戏产业就是一个好例子。这一产业的规模比美国电影业还要庞大，成长速度也更快。电子游戏公司殚精竭虑地追求更好的显示技术，使得虚拟现实（virtual reality）将在代价很低的情况下成为“现实”。美国国家航空和宇宙航行局（National Aeronautics and Space Administration，NASA）耗费了 20 万美元，才发展出勉强可以应用的类似技术。但在 1994 年 11 月 15 日，任天堂公司已经推出了价格只有 199 美元的虚拟现实电子游戏，名字叫“虚拟男孩”（Virtual Boy）。

今天最快的英特尔处理器，其运行速度是每秒钟执行 1 亿条指令（IOOMIPS[6]）。将其与索尼公司的产品比较一下，索尼刚刚推出价格 200 美元的新电子游戏“游戏站”（Playstation），速度竟达到 1000MIPS。这是怎么回事呢？答案很简单：我们对新型娱乐的渴求似乎永无止境，而电子游戏业所依赖的新型实时三维游戏，正迫切需要这种高速的处理

[6] MIPS=million instructions per second．每秒钟执行 100 万条指令。

技术和新的显示器。应用成为驱动力量。

拉力与推力

像维康、新闻公司（News Corporation）和本书的出版商这样的媒体巨擘都依靠掌握发送网络，来提高信息和娱乐内容的附加价值。正如我前面所说，原子的传输要比比特复杂许多，因此需要仰赖大公司的力量。相反，移动比特则十分简单，原则上不再需要大公司。几乎可以这样断定。

通过阅读《纽约时报》，我结识了该报专写计算机和通信业方面报道的记者约翰·马可夫（John Markoff），并十分欣赏他的文章。在过去，假如没有《纽约时报》，我可能永远看不到他的文章。但是，现在就不同了。我可以轻而易举地利用计算机网络，自动收集他所有的最新报道，把它丢进我的个人化报纸中，或是放在“建议阅读”资料档案中。我也许愿意因此付给马可夫每篇文章“两分钱”（two cents）[7]。

如果 1995 年互联网络全部上网人口中，有 0.5%的人愿意像这样订阅马可夫的文章，而马可夫每年创作 100 篇文章（事实上，他每年的写作量大约在 120～140 篇），那么他一年就可以稳赚 100 万美元，我敢说那一定比《纽约时报》付给他的薪水要高。假如你认为 0.5%的比例太高了，先耐着性子等一下。这个数字会是真的。一旦有人打下了这片江

[7] 在美国俚语中，“值两分钱的东西”（two cents’ worth）指对所讨论问题的意见和观点。作者在此一语双关。

山，发送者在数字化世界里的附加值就会每况愈下。

比特的发送和运动必然也包含了过滤和筛选的过程。媒体公司除了干别的，还扮演星探的角色，而它的发送渠道则成为舆论的试验场。但到了一定程度，作者也许不再需要这个论坛。在数字化时代中，迈克尔・克莱顿[8]直接在电子网络上卖书，一定会比经过出版商赚得更多。克诺夫出版社，抱歉了！[9]

数字化会改变大众传播媒介的本质，"推"（pushing）送比特给人们的过程将一变而为允许大家（或他们的计算机）"拉"（pulling）出想要的比特的过程。这是一个剧烈的变化，因为我们对媒体的整个概念是，通过层层的过滤之后，把信息和娱乐简化为一套套"要闻"或"畅销书"，再抛给不同的"受众"（audience）。当媒体公司如同杂志一样，越来越朝"窄播"（narrowcasting）的方向迈进时，它们也在把比特推销给一些特殊兴趣团体，如汽车玩家、阿尔卑斯山滑雪迷或葡萄酒瘾君子等。我最近想到一个点子，就是专为失眠者办一个杂志，而且聪明地利用深夜电视节目的时段做广告，那时候广告价格还特别便宜呢。

信息业会变得更像服饰业。全球的信息公路都是它广大的市场，顾客则是大众和他们的计算机代理人。这个数字市场真的存在吗？答案是肯定的，但这个市场只有当我们改进了人和计算机之间的界面，使得人与计算机的对话就像人与人之间的谈话一样容易时，才会真正出现。

---

[8] 迈克尔・克莱顿（Michael Crichton），美国畅销小说作家，《侏罗纪公园》等书的作者。

[9] 克诺夫出版社为本书的出版商。

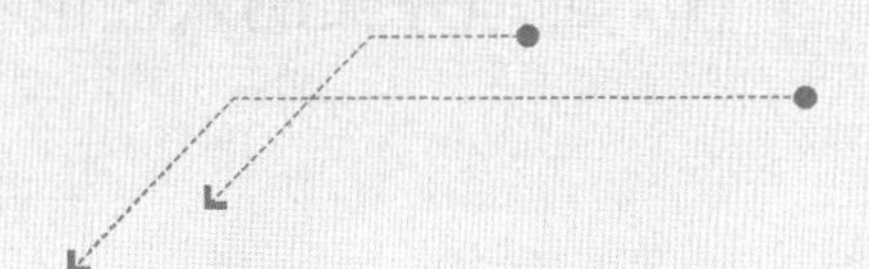

Part 2

个性化界面

being digital

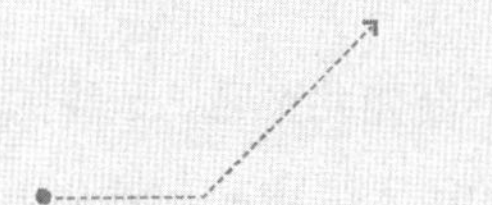

1. 创造完美的人性世界

为什么“数字化生存”如此辛苦?

多年来，我每天至少在计算机面前度过 3 个小时，但有的时候，我仍然发现自己饱受折磨。搞懂计算机就和搞懂银行结算单差不多同样困难。为什么计算机（以及银行结算单）非得毫无必要地弄得这么复杂呢？为什么“数字化生存”竟是如此辛苦呢？

其实，计算机并不复杂，数字化生存也不需如此辛苦。计算的发展速度飞快，但直到最近，我们才获得了足够的成本低廉的计算能力，可以随心所欲地将其用来改进人与计算机的双向交流。过去，把时间和金钱花在用户界面上，会被认为是愚蠢而浪费的行径，因为计算机的运行周期太宝贵了，应该把它全花在解决问题上，而不是花在人的身上。

科学家会从许多方面论证简单生硬的界面的合理性。例如，在 20 世纪 70 年代初，好几篇“学术”论文问世，论述黑白显示器为什么“优于”彩色显示器。彩色没什么不好。整个研究圈子不过一心想为他们无力以合理的成本制造出好的界面而辩护罢了；或者，说得更难听一点，他们根本不具备这样的想象力。

从 20 世纪 60 年代末一直到 70 年代，我们这群致力于研究人机界面的人，被视为缺乏男子气概，受到公然的蔑视。尽管后来这一领域逐渐得到认可，但是我们的工作仍然被视为旁门左道。

只要回想一下你上一次按了电梯按钮之后灯却不亮的情景，你就能体会到感知、生效和反馈有多么重要了。电梯不亮的原因也许是灯泡烧坏了。但你心里一定万分沮丧，开始怀疑：电梯听到我的指示了吗？由此可见，界面的设计和功能是非常重要的。1972 年的时候，全球总共只有 15 万台计算机。然而从现在起直到 2000 年，单单英特尔一家集成电路生产商，就预期可以每年售出 1 亿枚芯片（而我认为他们还大大低估了市场的潜力）。50 年前，使用计算机就好像驾驶登月艇一样，懂得机器操纵魔法的人寥寥无几。那时的计算机语言极为粗糙，甚至根本没有什么语言可用（只有许多拨动开关和一闪一闪的灯泡）。我的看法是，科学家曾经下意识地想保持计算机的神秘性，就好像中世纪黑暗时期的僧侣，刻意维护自己独尊的地位，或像当时的某些人，要独自把持古怪的宗教仪式一样。

今天，我们还在为此付出代价。

致命的反应

当人们谈到计算机的样子和它给人的感觉时，其实他们指的是“图形用户界面”，也就是“行家”所说的GUI（Graphical User Interface）。1971 年左右，施乐公司开始研究 GUI，后来又有麻省理工学院和其他几个地方介入，这种界面获得了长足的进步。10 年后，史蒂夫·乔布斯（Steve Jobs）凭着他的智慧和毅力，推出了麦金托什机（Macintosh），使 GUI 得以在一种真正的产品中出现，有关它的研究才达到了高潮。麦金托什机使整个计算机市场向前跨越了一大步，相形之下，后来市场上几乎没有发生过什么激动人心的事情。其他计算机公司花了整整 5 年时光，来模仿苹果计算机的技术。然而即使到了今天，在某些方面，它们的成果依旧比苹果计算机逊色。

在努力使机器更能为人所用的过程中，人类几乎把全部心力都投入到改进人与机器接触时机器对人的感应和作出更好的物理设计上。界面在很大程度上被当作一个传统的工业设计（industrial design）问题。就好像设计茶壶和把子的人，要考虑把手的形状、传热程度，并防止表面出现疤痕一样。

设计驾驶舱是一大挑战，不只是因为驾驶舱中有众多的开关、按钮、转盘、仪表，还因为两三种类似的传感输入装置可能会相互干扰。1972 年，一架东方航空公司（Eastern Airlines）的 L1011 型客机失事坠毁，原因是飞机起落架没有放下。空中交通管制员的声音和机上计算机的哔哔声掩盖了警告讯号声，使机组人员没能听到。这真是致命的界面设计。

我家里从前有一台非常聪明的录像机（VCR），能够近乎完美地辨认出我的声音，而且很清楚我的喜好。只要我说出节目名称，它就会帮我录像存档。有时候，甚至不劳我开口，它可能就会自动帮我录好。但是，突然有一天，我儿子上大学去了。

最近6年多来，我不曾再录过一个电视节目。不是因为我不会录，而是因为就耗费的力气而言，录像的价值太低了。录像过程毫无必要地困难。更重要的是，大家一直把录像机和遥控器的使用，看成按钮问题。但是界面不仅和计算机的外表或给人的感觉有关，它还关系到个性的创造、智能化的设计，以及如何使机器能够识别人类的表达方式。

一只狗在百码之外就可以通过你的步态认出你来，然而计算机却甚至连你在哪儿都不知道。你生气的时候，几乎任何一只宠物都会察觉气氛不对，但是计算机却一片茫然。甚至连小狗都知道自己做了错事，而计算机还是懵懂无知。

下一个10年的挑战将远远不止是为人们提供更大的屏幕、更好的音质和更易使用的图形输入装置；这一挑战将是，让计算机认识你、懂得你的需求，了解你的言词、表情和肢体语言。当你说“Kissinger”（基辛格）和“kissing her”（吻她）时，计算机应该能分辨个中差异。但这并不是因为它能找出声音信号上的微小差别，而是因为它懂得你的意思。这才是好的界面设计。

今天，人机交互的负担全部落在人的肩上，就连打印一个文件这样家常便饭的事情，都可以把人搞得疲惫不堪，简单就是装神弄鬼的巫术[1]，而不像体面的人类行为。结果，许多成年人掉头他去，自认为是不可救药的计算机盲。

这一切都将改变。

---

[1] 原文为 voodoo，指伏都教，一种西非原始宗教，现仍流行于海地和其他加勒比海诸岛的黑人中。

漫长的旅程

1968 年，阿瑟·克拉克（Arthur C. Clarke）和斯坦利·库布瑞克（Stanley Kubrick）因电影《2001 年：太空漫游记》（*2001：A Space Odyssey*）同获奥斯卡奖提名。奇特的是，他们在拍完电影之后才出书，克拉克得以在看过初剪的毛片后，修改他的小说手稿（电影是根据更早的一个故事版本拍摄出来的）。影片使克拉克可以根据电影场景模拟书中的情节，并锤炼原先的构想。在这本书付梓之前，他已经实际看到和听到他的构想。

或许这就是为什么他笔下的主角——一台名叫 HAL 的计算机，能如此出色地描绘出未来的人机界面的原因（HAL 同时也是致命的）。需要说明的是，HAL 的名字与 IBM 无关（有人推测出 H、A、L 恰好分别是 I、B、M 前面一位的字母）。HAL 的语言能力绝佳（能听懂别人的话，也能清晰地表达），见解超凡，而且十分幽默，这表明它的智商很高。

几乎又过了 1/4 世纪，才出现了另一个完美的界面典范——知识导航员（The Knowled Naigatm）。苹果计算机当时的首席执行官约翰·斯卡利（John Sculley）委托制作了这盘录像带，它也具有电影般的效果，被称作原型录像。斯卡利写了一本书，名字也叫做《漫游记》（*Odyssey*），书的结尾提到了“知识导航员”的构想，后来就变成这盘录像带的内容。他希望通过录像带，描绘出未来超越鼠标（mouse）和菜单（menu）的界面。他做了一件非常出色的工作。

在《知识导航员》录像带中，可以看到一位不修边幅的教授，他的书桌上放着一个平平的书籍模样的装置，处于打开状态。在这个装置的显示器的一角，出现了一个打着领结的人，也就是这部机器的化身。教授请这位机器代理人帮他准备演讲稿，还分配了几件工作给它，这位代理人偶尔也会插进来提醒教授其他的事情。它能看、会听，还对答如流，和一般的助手没什么两样。

HAL 和知识导航员的共同之处是，它们都表现出超凡的聪明才智，以至于物理界面本身几乎消失不见了。这就是界面设计的秘诀：让人们根本感觉不到物理界面的存在。当你第一次和某人晤面时，可能会非常注意他的相貌、谈吐和仪态，但是很快地，你的注意力就会转移到谈话内容上，尽管这一内容仍然主要通过说话的音调和面部表情来表达。

好的计算机界面也应该有同样的表现。界面应该设计得像人一样，而不是像仪表板一样。

另外，大多数界面设计人员一直在顽固地试图使笨机器更容易为聪明人所用。他们在美国人所谓的“人性因素”（human factors）[2]或欧洲人口中的“工效学”（ergonomics）[3]的领域各领风骚，研究人体如何运用感觉和反应器官来配合身边环境中的工具。

电话听筒或许是世界上设计得最多也最滥的一种设备了，但仍然十分不尽如人意。移动电话的差劲界面令录像机都相形见绌。一部班和欧路森（Bang＆Olufsen）电话机根本不像电话，而像雕刻品，比旧式的

---

[2] human-factors engineering 意为“人类工程学”，是一门把人类行为学知识应用于机械和设备的设计的学科，它把使用者看作人机系统中的重要组成部分，以使机械和人都能发挥最佳作用。

[3] 工效学，一门研究如何使工作及工作条件最适合工作者、以发挥其最大效能的学科。

黑色转盘电话还难用。

更糟的是，电话的“功能”往往多得离谱。电话号码存储、重拨功能、信用卡管理、电话等候、电话转接、自动应答、电话号码过滤等各种功能，全都挤进了只有巴掌大小的话筒中，让我们简直没有办法使用。

我不但不想要所有这些花哨的功能，我甚至根本不想拨电话。为什么设计电话的人全都不明白，没有人爱拨电话，我们只想利用电话来和别人取得联系！

像拨电话这样的事情，只要有一点点机会，我们都愿意别人代劳。这使我想到，电话的问题也许不在于听筒设计，而在于我们能否设计出可以塞进口袋里的机械秘书。

与计算机共生

计算机界面设计始于 1960 年 3 月，当时杰·西·里克莱德（J.C.R.Licklider）发表了他的论文《人与计算机共生》（*Man-Computer Symbiosis*）。大家都亲切地称里克莱德为里克，他是位实验心理学家和声学家，在这两方面受过良好的训练，后来成为计算机计算的信徒和救星，主持了美国高级研究计划署早期的计算机研究。20 世纪 60 年代中期，他应邀为卡内基委员会（Carnegie Commission）一份关于未来电视的报告撰写附录。正是在这份附录中，里克提出了“窄播”的说法。然而，里克当时没有料想到的是，他的两大贡献，“人与计算机共生”和“窄播”注定要在 20 世纪 90 年代相互融合。

20 世纪 60 年代初期肇始的人机界面研究分成两部分，这两部分在其后的 20 年中各自独立发展，始终未能相互融合。一部分研究的是互动性问题，另一部分则把重心放在感应的丰富性方面。

互动性的研究偏重于解决计算机共用的问题，因为在当时，计算机是一种极其昂贵而且大一统的资源。在 20 世纪 50 年代和 60 年代的早期，由于计算机太宝贵了，你会想尽一切办法让它不停地运转。把一部计算机接上键盘，用计算机打出一个问题，接着，再让它闲置在那里，等待人们阅读问题、思考，然后回答，这简直是无法想象的。分时（time-sharing）的发明使这样做成为可能。所谓分时，就是让多个用户能够在彼此相隔很远的地方，共同使用一台计算机。假如你把计算机资源在 10 个人当中分配，那么，不但每个人可以分享 1/10 的机器使用时间，而且，当一个人在思考的时候，或许计算机可以完全为另一个人所用。

这种分食数字化大饼的做法要想行得通的条件是：没有一个用户的胃口过大，需要进行大量的计算或需要大量带宽。早期终端机（terminal）的速率是 110 波特；我还记得清清楚楚，当速率提高到 300 波特时，感觉真是快极了。

同床异梦

相反地，有关感应丰富性的研究则偏重于极高带宽的图形互动上。早期的计算机制图需要一部机器专门用来提供图像。基本上，它与今天的个人计算机并无二致，但是却大得多，能够装满一间屋子，并且要耗费数百万美元。计算机制图技术刚诞生时，是一种勾画线条的媒介，需要强大的计算能力来直接控制阴极射线管的电波。

一直到了 10 年之后，计算机制图才从单纯的勾画线条，发展到可以制作多种形状和图像。出现了一种叫做“光栅扫描显示器”（raster scan display）的新型显示器，它需要大量的记忆容量，以一点一点地存储画面。它们今天已经随处可见，然而，大多数人都不知道这种显示器当初曾经被视为异端。事实上，在 1970 年，几乎没有人相信计算机存储器有那么一天会便宜得可以被大量用在制图上。

在此之后的 20 年中，分时技术和计算机制图可以说是同床异梦。感应能力贫乏的分时系统成为商业和学术界广为接受的计算工具，促成了我们今天习以为常的电子银行和民航订位系统的诞生。商用分时系统的界面设计通常十分简陋，输出形式和打字机几乎没有什么两样；而且对任何单一用户而言，整个系统似乎刻意放慢速度，以便其他人也能够得到他们应有的那一份计算机资源。

另一方面，计算机制图大多应用在独立计算上。到 1968 年，价格在 20000 美元左右的小型机（mini-computer）开始出现，主要原因是当时的工厂和机器自动化（automation）进程都需要非常精确而且实时的控制系统。计算机制图也是一样。这种独立的计算机制图系统与显示装置一起，构成了今天我们所了解的“工作站”（workstation）的前身，其实工作站只不过是穿上了长裤的个人计算机罢了。

多模式界面

我们通常都是把累赘当成一种坏现象，暗指无谓的冗长以及漫不经心的重复。在早期的界面设计中，人们研究互动技术，并且尝试为不同的环境明智地挑选出不同的界面运作方式。光笔（light pen）会不会比数据板（data tablet）更好呢？这种“二者必居其一”的思维方式，是受到了一种错误信念的支配，即以为任何一种特定的情况都会有一个放之四海而皆准的“最好解决方案”。之所以说这种信念是错误的，是因为人是互不相同的，情况也是瞬息万变的。此外，某种特定的互动方式究竟适合哪种环境，很可能要视你当时可用的信道而定。天底下没有一种最佳的界面设计。

我还记得，20 世纪 70 年代中期，我去拜访一位海军上将，当时他有一套最先进的指挥控制系统。他先向一位下级水兵发号施令，然后再由其十分尽责地把命令输入计算机。因而，在一定的意义上，整个系统有了一个绝佳界面，这个界面不仅能识别语言，而且还很有耐性。海军上将可以随心所欲地在房间里走来走去，一边谈话，一边指手画脚。他完全就是他自己。

尽管如此，海军上将从没想过通过这样的间接界面来策划一场进攻。他很清楚水兵可以从计算机系统的小小显示器上，一窥整体形势，但是他宁可和墙壁上一张很大的战区地图直接互动，因为这样一来，他就可以把小小的形状各异的蓝色和红色军舰标志，钉在这张地图上（那时我们总是开玩笑说，苏联人也用同样的颜色）。

海军上将乐于使用这张地图，不只是因为地图是传统的作战工具，有清晰的画面，而且还因为他可以把自己完全投入其中。当他移动地图上的军舰的时候，他的手势和动作都加强了他的记忆。他完全陷入到战局的演示之中，连脖子上的肌肉都绷紧了。这种界面不是“非此即彼”（either/or），而是“二者兼顾”（both/and）。

“二者兼顾”的思维带来了一大突破，简单地说，就是“累赘是好的”。事实上，最好的界面应该是有许多不同而并存的交流渠道，通过这些渠道，一个用户可以利用一组不同的感应装置（可能是用户的，也可能是机器的）进行表达并撷取意义。同样重要的是，一种交流渠道也许能够弥补其他渠道传递信息之不足。

例如，假如一间屋子有十来个人，我问其中一个人：“你的名字叫什么？”除非在我问话的时候，你能够看见我的目光所及之处，否则这个问题根本没有任何意义。也就是说，形容词“你的”，其意义来源于我的眼睛注视的方向。

这种状况在麻省理工学院的狄克·波尔特（Dick Bolt）和克里斯·施曼特（Chris Schmandt）所开发的名为“把它放在那儿”（Put-That-There）的程序中，得到了完美的印证。1980 年推出的该程序第一版，能够让你对着墙壁大小的显示器说话和做手势，以及在一个空白的屏幕上（后来改成加勒比海），移动简单的物体（后来化为船只）。在“把它放在那儿”程序的示范影片中，这个程序误解了一条指令。施曼特脱口而出“哎呀，该死”，这句话在影片中给观众留下了很深的印象，提醒许多未来的观众，有待努力的地方还有很多。

整个构想其实再简单不过：说话、指点和眼神，应该作为一个多模式界面（multimodal interface）的不同部分共同工作。这种多模式界面，不再仅仅是来来回回地传递信息（这是分时的基础），而是更像人与人之间面对面的谈话。

当时，这种试图以“二者兼顾”的方式来设计界面的研究，和其他类似的早期研究一样，看起来像门有水分的科学。我就不怎么看得起界面研究中的测试和评估工作。或许我太自大了，不过我认为假如你必须在小心翼翼地测试某个设计后，才能看出它所造成的差异，那么，这个设计首先根本就没有造成足够大的差异[4]。

成长的秘密

当我还是个小男孩时，我的母亲有个家用壁橱，壁橱后面有一堵“秘墙”。这个秘密其实没什么大不了的：墙面上有许多小心刻划的铅笔痕迹，代表我定期测量的身高。所有的铅笔线旁边都尽责地标注了日期，有些线靠得很近，因为那段时间身高测得比较频繁；有些线隔得很远，很可能因为那年夏天，我们外出度假了。再弄一个壁橱建一堵秘墙，似

---

[4] 1976 年，尼葛洛庞帝和波尔特等人一起展开了“空间数据管理系统”研究计划。尼葛洛庞帝的构想，是要把计算机变成一个“记忆的办公室”，计算机屏幕就好像办公室桌面一样，摆着各种办公用具（例如日历、电话、公文夹等）。在他们所创造的媒体室中，使用者可以坐在房间中央的椅子上，面对占满整面墙的计算机形象。与计算机连线的感应器，会追踪使用者的手臂动作，使用者可以用手指着墙上显示的物体，嘴里说：“把它放在……”，然后把手指到他想要的位置，再说“……那儿！”就可以移动屏幕上的物体。曾著书描述媒体实验室的斯图尔特•布兰德形容这好像“一台房间大小的个人计算机，你的整个身体就是鼠标控制器，而声音则是键盘”。

乎不可行。

这个身高测量法是我个人的私事，我猜它某种程度上也反映了我喝了多少牛奶、吃了多少菠菜和摄取了多少其他好东西。

相较之下，“成长”具有更加戏剧化的一面。一位许久未见面的叔叔看到我时，也许会问：“你成长得怎么样啦，尼基[5]？”（假定他已有整整两年没见到我了）但是，我没有办法真正体会到自己的改变。我能看到的只是壁橱秘墙上那些短短的铅笔线。这种“刚刚能够看出来的差异”（Just-Noticeable Difference，JND），是心理物理学（psychophysics）[6]的一种测量单位。单单这个名称本身，就已经影响了界面的设计。你不得不自问，假如不过只有“刚刚能够看出来的差异”，何必这么费事呢？假如你只有小心测量，才能找出其中的差异所在，也许我们的努力方向就是错误的：应该往能够产生较大差异的方向努力。

举例来说，学术研究显示，在大多数应用上，讲话和自然语言（natural language）[7]都不是人与计算机之间的合适的沟通渠道。这些技术研究报告中充斥着各种表格及对照实验等，只为了证明自然语言容易给人机沟通造成混乱。

我当然不会期望一架波音 747 客机的驾驶员只要高唱“高高高高飞——！”飞机就会滑行和起飞。即便如此，我仍然想不通为什么我们不能运用丰富的语言和手势来控制事物，哪怕是在驾驶舱中。无论你

---

[5] 尼古拉的爱称。

[6] 一门研究感觉历程及其测量的学科。

[7] 自然语言指自然发展而成的语言，区别于计算机语言或世界语一类的人造语言。

把计算机应用在什么地方，都必须把丰富的感应能力和机器的智能两者的力量结合起来，才能产生最有效的界面设计。

如此一来，我们将可以看到显而易见的差异。我们将看到的是我叔叔眼中的我，而不是壁橱上短短的铅笔痕迹。

我的梦想

我对界面的梦想是，计算机将变得更像人。这种想法很容易招致批评，人们会嫌它太浪漫、太含混或太不切合实际了。真要批评的话，我会说这个想法还太保守了。可能有许多异乎寻常的交流渠道甚至到了今天，我们都还浑然不觉（由于我妻子是双胞胎姊妹中的一个，而我自己也有对双胞胎弟弟，从自己的实际观察中，我完全相信超感觉的交流方式不是不可能存在的）。

20 世纪 60 年代中期，我给自己设立的目标是，模拟面对面的交流方式，其中包括了手势、面部表情以及肢体动作。我把海军上将作为我的模型。

在具有里程碑意义的“空间数据管理系统”（Spatial Data Management System）的研究计划中（时间大约在 1976 年）。

我们的目标是提供一个“让将军、企业总裁和 6 岁儿童都能使用计算机”的人性化界面。我们把系统设计得能让用户在 30 秒之内学会操作。由于所有人都对桌面和书架非常熟悉，这两种东西被借用来作为浏览和操纵复杂的声音、影像和数据资料的工具。

在 20 世纪 70 年代末期，这样做已经算是很激进了。但按照海军上将与水兵之间的对话方式来安排人机交流，此种做法能够产生的意义和影响，仍然是“空间数据管理系统”未能洞察的。未来的人机界面将根源于“授权”（delegation），而不是直接控制——下拉、弹出、按鼠标等——同时，也不再是鼠标界面。我们一直执着于让机器达到“容易操作”的境界，有时候却忘记了许多人压根儿就不想操作机器。他们只想让机器帮他们做事。

未来，今天我们所谓的“代理人界面”（agent-based interface）将崛起成为计算机和人类互相交谈的主要方式。在空间和时间的某些特定位置上，比特会转换为原子，而原子也会转换为比特。无论这种转换是通过液晶（liquid crystal）传输还是语音发生器（speech generator）实现的，界面都将需要不同的尺寸、形状、颜色和语调，以及其他五花八门的能够感应的东西。

2. 图形幻界

计算机制图“大爆炸”

1963 年，伊凡·苏泽兰（Ivan Sutherland）在麻省理工学院发表了名为《画板》（*Sketchpad*）的博士论文，其互动式计算机制图的构想犹如给全世界投下了“一枚炸弹”。画板是一个实时的素描系统，使用者可以利用“光笔”，直接和计算机屏幕进行互动式交流。这个成就太伟大了，意义也极为深远，我们中的一些人，直到 10 年后才开始领会它的全部价值所在。画板为我们带来了许多新概念，随便举几个例子，就可以说出动态图形、视觉模拟、有限分辨率、光笔追踪以及无限可用协调系统等。画板可以说是计算机制图的“创世大爆炸”（big bang）[1]。

接下来的 10 年里，许多研究人员似乎对计算机制图的实时和互动层面失去了兴趣。相反，大多数人把创造力投入到脱机的（offline）、

[1] 一些学者认为，100 亿～150 亿年前，曾发生过一次大爆炸，宇宙由此形成。此处是借喻。

非实时的真实影像合成技术上。苏泽兰自己也稍稍偏离了原本的方向，转而研究图像逼真度，也就是要寻找能够让计算机影像变得栩栩如生、刻画入微的方法。这种研究的重心完全放在阴影、明暗、反射、折射、隐蔽的物体表面等诸如此类的问题上。绘制精美的国际象棋棋子和茶壶成了后画板时代的象征。

就在同一段时间里，我越来越觉得，人类如何能够简单而轻松地表述他们的图形构想，这是一个比机器能否合成如照片般逼真的影像重要得多的问题。在好的人机界面设计中，计算机应该能够理解不完整的、模糊不清的想法——这类想法常常会在任何一个设计的初始阶段出现——而不是只懂得那些以比较完整和连贯的方式表达的复杂化的、已成形的东西。在计算机上实时追踪手绘草图，为我提供了一个绝佳的领域，我得以在这一领域开展研究，把计算机制图作为一种动态更强的、互动性更好的而且表达能力更佳的媒介来加以理解，并推动这种媒介的发展。

我的一个至关重要的工作思想是，你必须了解一个人的绘图“意识”。如果一位用户慢慢地画了一条轻轻的、但似乎是有意画出的曲线，计算机会假定他或她就是要画这样一条曲线，但是假如用户很快画了一条一模一样的曲线，很可能他或她原本打算画的是一条直线，却不小心画歪了。假如我们只根据这两条曲线完成后的实际形状、而不是用户描绘线条时的状况来判断，那么这两条曲线看起来完全一样。但是，用户的绘图动作却显示出两种截然不同的意图。而且，由于每个人画画的风格都不相同，表现出来的绘图行为也会因人而异。因此，计算机必须学习掌握每个用户的绘图风格。

30 年后，苹果公司的产品“牛顿”牌掌上型计算机（Newton）体现了同样的思想。它能根据使用者的书写风格，辨认出他的笔迹（尽管效果还不尽如人意）。那些花了较长时间在牛顿计算机上写字的人，似乎感觉更满意一些。

计算机辨认粗略绘出的形状及物体的潜力，使我对计算机制图技术的思考从线条而更多地转向了“点”。在一张草图上，线条之间的区域或被线条围起来的部分是最重要的部分，从中可以了解草图的意义。

就在这段时间里，施乐公司的帕洛阿尔托研究中心也发明了着重形状识别的计算机制图技术。在这种技术中，图像作为庞大的点的集合而被存储和显示，不规则区域在此过程中得到处理，变得规则起来。我们中的一些人当时得出结论，认为互动式计算机制图技术的未来将属于与电视相似的光栅扫描显示器，而不是“画板”这类勾画线条的机器。光栅扫描系统能把在计算机存储器中存储的影像描绘在一个显示装置上，而在过去，则是靠把阴极射线管的电波水平和垂直地进行交叉扫描，如同用腐蚀法蚀刻一幅图画一样。计算机制图的基本元素过去一直都是线条，现在变成了像素。

像素威力大

就像比特是信息的原子一样，像素可视为图形的分子（我没有把像素称为图形的原子，因为通常一个像素由不止一个比特来代表）。计算机制图人员发明了“像素”这个词，它是由“图像”（picture）和“元素”（element）两个词缩合而成的。

我们可以把一个图形想象成许多行和许多列像素的集合，就好像空白的填字游戏图一样。对于任何一个特定的单色图像（monochrome image），你都可以决定要用多少行和多少列来构图。你用的行和列越多，每个方块的面积就越小，图形的颗粒就越精细，效果也就越好。想想看，假如你把这样的格子覆盖在一张照片上，然后给每一个方块依明暗度的不同标出一个数值，那么完成了的填字游戏图将会布满一串串数字。

假如图形是彩色的，每个像素就会带有 3 个数字，通常这 3 个数字要么代表红色、绿色和蓝色，要么代表亮度（intensity）、色调（hue）和色彩饱和度（saturation）。我们在小学里都学过，红色、黄色和蓝色，并不是三原色（three primary colors）。加色三原色（three additive primaries），也就是我们在电视机里看到的，是红色、绿色和蓝色；而减色三原色（three subtractive primaries），也就是我们在彩色印刷品上看到的，是洋红（magenta）、青色（cyan）和黄色。它们都不是红色、黄色和蓝色（据说美国人现在不教小孩这名词，因为洋红 magenta 这个词拼起来太长了，许多成年人也压根没听说过青色 cyan。反正情况就是这样）。

如果画面是运动的，我们就对时间进行取样——就好像在电影中分出一个个画面一样。每个样本即为一幅画面，也就好比另外一个填字游戏图，如果将其罗列在一起，以足够快的速度连续播放，就会产生运动流畅的视觉效果。你平日很少见到动态图形，或者只能在小小的视窗上显示影像画面，原因之一就是很难快速地从存储器中取得足够数量的比特，然后以像素的形式把它们显示在电脑屏幕上（只有每秒产生 60～90 幅画面，画面上的动作才会流畅，不再闪动不已）。在这方面，每天都不断出现速度更快的新产品或新技术。

像素的真正威力来源于它的分子本质。像素可以成为任何东西的一部分，从文字到线条到照片，无一不可。“像素就是像素”，道理就跟“比特就是比特”一样正确。只要有足够的像素，每个像素又有足够的比特（不管是黑白的还是彩色的），你都可以在目前的个人计算机和工作站上，获得非凡的显示效果。然而，这种基本的网格结构决定了，在具有很多优点的同时，它也必然存在一些缺陷。

像素一般需要庞大的存储容量。你用的像素越多，每个像素内含的比特数目越多，你也就需要越大的容量来存储它们。常见的全彩屏幕共有 1000×1000 个像素，需要容量为 2400 万比特的存储器。1961 年，当我还在麻省理工学院读大学一年级时，存储器的价格大约是每个比特 1 美元。今天，2400 万比特不过只值 60 美元，这意味着，尽管以像素为基础的计算机制图技术对存储容量的胃口很大，我们却多少可以把心放下。

仅仅在 5 年以前，情况还不是这样，人们为了省钱，尽可能减少每个画面所用的像素和每个像素需要的比特。事实上，在早期的光栅扫描显示器上，每个像素常常只占用一个比特，由此给我们留下了一个特殊的问题：锯齿状的图形（jaggies）。

无法接受的锯齿图

你是否曾经有过这样的困惑：为什么我的计算机屏幕上会出现一条条锯齿线？为什么金字塔的图像看起来仿佛歪歪扭扭的宝塔？为什么大写的 E、L 和 T 在屏幕上挺像样，而 S、W 和 O 则好像蹩脚的圣诞节饰物？为什么曲线看起来总像是中风病人画的一样？

个中缘由就在于，每个像素只用了 1 个比特来显示图像，结果就出现这种楼梯效应（staircase effect）或称空间阶梯（spatial aliasing）[2]。只要硬件和软件生产商肯把更多的比特用在一个像素上，并且运用一点数字计算来解决这个问题，这一现象就绝对可以避免。

那么，为什么我们不让所有的计算机显示器都带有“防锯齿”功能呢？借口是这样会消耗太多的计算能力。10 年前，我们或许还会接受这个论点，即计算机的计算能力最好是用在别的地方；此外，当时用以防止锯齿现象的中间灰度技术还不像今天这么普遍。

遗憾的是，消费者已经被训练得对锯齿图像习以为常了。我们甚至似乎已把这类图像变成某种吉祥物了，就好像 20 世纪 60 年代和 70 年代的图形设计人员经常用滑稽的磁性活字体 MICR（Magnetic Ink Character Recognition，磁墨水字符识别）来创造出“电子”的感觉一样。到了 20 世纪 80 年代和 90 年代，设计人员又如法炮制，以夸张的、阶梯状的印刷体来表现“计算机化”。今天，无论是线条还是字符，都能达到完美而流畅的印刷效果，别让任何人告诉你说这一点无法做到。

图标背后的神奇

1976 年，美国高级研究计划署控制论技术中心软件部门的一位主

---

[2] 光栅显示中的阶梯效应，即只能以阶梯的形式显示对角线和圆，因此对角线和圆看上去不是平滑的线条。

任克瑞格·费尔兹（Craig Fields，后任高级研究计划署署长），委托纽约一家计算机动画公司制作了一部电影，描绘一个叫做达尔玛拉（Dar El Marar）的虚构沙漠小城的景象。这部动画片选择一架直升飞机的座舱作为观察点，这架直升机在小城上空盘旋，时而俯冲掠过街道，时而拉起俯瞰全城，时而走访社区邻里，时而又贴近观察建筑物。他们模仿的是《小飞侠》（*Peter Pan*）这部电影，目的不是为了欣赏沙漠小城的景色和建筑，而是为了探索信息世界。其想法是：假定你设计了这个小城，而且好像松鼠储藏核桃一样，把数据储藏在特定的建筑物中，从而构筑了信息的邻里环境。随后，你可以乘坐魔毯[3]，飞到你储存数据的所在，检索你所需要的信息。

古希腊诗人凯奥斯岛的西摩尼得斯（Simonides of Ceos，公元前556—468年）[4]以非凡的记忆力闻名于世。有一次参加宴会的时候，他刚刚被叫出宴会厅，大厅的房顶就整个坍塌，在这场横祸中惨死的宾客都肢体破碎，难以辨识，而西摩尼得斯却可以根据此前宾客所坐的位置加以指认。他的故事表明，把需要记忆的材料与头脑中的空间形象的许多特定的点联系起来，可以帮助我们回忆。西摩尼得斯使用这个技术以记忆长篇讲稿。他先把讲稿分成几个部分，每一部分都与一个神殿里的物体及其位置结合起来；等到发表演讲的时候，他重新造访脑海里的神殿，以井然有序和容易理解的方式，唤出他想表达的看法。早期到中国传教的耶稣会教士称这种过程为建构“心灵的殿堂”。

---

[3] magic carpet，典出《一千零一夜》，能够载人飞行。

[4] 西摩尼得斯，希腊抒情诗人，警句作者，为祝贺奥林匹亚竞技会优胜者首创胜利者颂歌；其酒神颂歌在雅典竞赛中多次获胜。

这些例子都牵涉在三维空间里漫游、存储和检索信息的过程。有些人对此很在行，有些人则不然。

在二维空间里，我们大多数人都比较能干。想想你书架正面的二维空间吧。要找任何一本书，你可能只要径直走到那本书“面前”就可以了。你也许会记得它的大小、颜色、厚度及装订方式。如果是你亲手把书放在“那儿”的，你当然会更清晰地忆起这一切。再杂乱的桌面，使用桌子的人都能对之了如指掌，因为可以说，杂乱是由他一手造成的。最糟糕的事情，莫过于叫来一位图书管理员，让他按杜威十进分类法（Dewey Decimal System）[5]重新把书架上的书排列一遍，或找到一位女佣帮助你清理书桌。你会突然变得糊涂起来，不知道东西都放在什么地方了。

基于这类观察，我们开发了一种叫做“空间数据管理系统”的东西。空间数据管理系统包括了一个高及天花板、占据整面墙的全彩显示器，两台附属的桌面显示器；八度的音响；一把装满各种仪器的埃姆斯椅（Eames Chair）[6]以及其他各种装备。它为用户提供了如沙发般舒适的界面，用户可以在幻想中逡巡于数据之中，从一个橱窗般大小的显示器向外凝视；也可以自由地伸缩或摇动镜头，以在一个虚构的二维空间“数据乐园”（Dataland）里神游。用户还可以浏览个人档案、通信、电子书、卫星图，以及各种崭新的数据形式，例如名演员彼得·福尔克（Peter Falk）在《神探科伦坡》（*Columbo*）的表演片断，或是54000幅有关艺

[5] 美国图书馆学家M. 杜威所编的图书分类法。

[6] 一种模制胶合板或上塑料椅子，系美国人Charles Eames设计。

术和建筑的静态图片收藏。

“数据乐园”本身是由一组小图像构成的景观，每个小图像都表明了自己的功能或描绘了所代表的数据内容。例如，在一个台历图像背后可以弹出用户的日程表。如果用户驱动系统进入到一个电话图像中，空间数据管理系统就会开启一个电话程序并附上相关的私人电话号码本。“图标”（icon）就是这样诞生的。我们曾经半真半假地打算使用“标记”（glyph）一词来描述这种小图像，因为 icon 在字典上的意思并不那么贴切，但 icon 一词还是流传了下来。

这些邮票般大小的图像不光指明了信息内容或自身的功能，而且每个图像还拥有各自的“位置”。这就好比在书架上找书一样，当你想检索某样东西时，你可以直接走向它所在的地方，同时想起它的确切位置、颜色、大小，甚至它可能发出的声音。

空间数据管理系统大大领先于它产生的时代，直到 10 年后，个人计算机诞生，它的一些观念才成为现实。今天，所有的计算机都离不开图标，人们把垃圾桶、计算器和电话筒等图像当作屏幕上的标准配件。事实上，有些系统直接把屏幕称作“桌面”。唯一不同的是，今天的“数据乐园”不会顶及天花板、占据整面墙，而是一股脑儿挤进了“视窗”之中。

挤进视窗中

有一种现象总是给我留下深刻的印象：聪明的产品命名，能够帮助产品大发利市，并给消费者带来完全不同的想象空间。当年 IBM 决定把它的个人计算机命名为 PC（Personal Computer），真是神来之笔。尽管苹果计算机比其早上市 4 年还多，PC 的名称现在却已成为个人计算机的同义语。同样地，当微软决定将其第二代的操作系统取名为“视窗”的时候，这聪明的一招，使这个名词从此永远归它所用；而实际上早在 5 年多前，苹果公司就开发出了更好的视窗，而且许多工作站生产商也已经广泛地使用了视窗。

视窗之所以存在，是由于计算机屏幕很小。使用视窗后，无论在任何时间，都可以利用一个狭小的工作空间，同步进行不同的流程。《数字化生存》全书都是在一个对角线只有 9 英寸长的屏幕上写成的，没用任何纸张，当然出版商在编辑和制作过程中所需的纸张除外。对大多数人来说，使用视窗就好像骑自行车一样；你甚至都不记得自己学过骑车，你只是上来就用。

给电视开扇窗

视窗还有一个有趣之处：它暗示了未来电视的发展方向。在过去，美国比其他国家都更加强调，电视影像应填满整个屏幕。但是，这要付出额外的成本，因为并非所有的电影和电视片都被制作成相同的长方形格式。

事实上，20 世纪 50 年代初期，电影业曾经有意识地朝宽银幕方向发展。当时出现了“全景电影系统”（Cinerama）[7]、“超级全视系统”（Super Panavision）[8]、“超级全景技术系统”（Super Technirama）[9]、35毫米“全视系统”（35mm Panavision）[10]，以及我们今天仍在使用的“电影宽银幕系统”（Cinemascope）[11]。这一发展是为了抑制早期电视的扩张。今天电视荧幕3:4的高宽比，源自于第二次世界大战之前的电影银幕规格，并不能与“电影宽银幕系统”相匹配，也就是说，过去40年来制作的大多数电影的格式都与电视不合。

欧洲的电视业者以所谓的“上下加框”（letter boxing）的办法来解决荧幕高宽比的差异问题。他们把荧幕的上下两边都用黑框盖住，因此留下来的放映区域正好符合电影银幕的高宽比。通过牺牲一些像素，观众得以看到忠实地重现出原本的画面形状的影片。事实上，我认为“上下加框”的效果十分令人满意，而且这样做还有一个额外的优点：它在影像上下各自放置了一道鲜明的水平黑边，从而取代了电视机原本的弧形塑料边；否则的话，影像的界限就不会那么明确。

我们在美国则很少这么做。当我们要把电影转换成录像带时，采用的是“摇摄及扫描”（pan and scan）的做法，把宽银幕电影压缩为3:4的长方形。我们不是真的把影像压扁（尽管我们有时会压缩标题和工作

---

[7] 由3台连接在一起的摄影机在3条35毫米的胶片上分别摄取宽画面的1/3，用3台同步运转的放映机将3条影片同时投映于宽阔的弧形银幕上。合成整幅画面，并配用多路立体声还音装置。

[8] [9] [10] 均为银幕电影的工艺。

[11] 摄影时加装变形附加镜，使所摄影像沿水平方向压缩，在胶片上形成狭长的变形影像，放映时也加装放映变形附加镜，使变形影像恢复为正常影像，成为宽银幕画面。

人员名单字幕）。相反地，在转换过程中，当影片在机器中转动时（机器通常是一台飞点扫描器[12]），操作员会以手控方式，把一个高宽比为 3:4 的窗口套在宽得多的电影画面上，接着上下左右调整移动该窗门，来捕捉每一幅电影画面中最直接相关的内容。

而有那么一些电影制作人，不同意这种做法，例如伍迪・艾伦（Woody Allen）[13]，但是大多数人似乎都无所谓。这种“摇摄及扫描”的办法，在某些情况下会无可救药地失败，最好的例证之一就是《毕业生》（*The Graduate*）。影片中有一场戏是达斯汀・霍夫曼（Dustin Hoffman）与安・班克罗夫特（Anne Bancroft）各据银幕的一端，分别宽衣解带，操作员根本无法把他们俩同时放在录像带的同一幅画面中。

日本和欧洲一直都在推动发展一种更新、更宽的电视荧幕，这种荧幕的高宽比为 9:16，而美国的高清晰度电视竞争厂商也胆小地尾随其后。然而，9:16 的高宽比实际上也许比 3:4 还要糟，因为所有现存的录像材料（其高宽比为 3:4）在放映的时候，都会在 9:16 的荧幕左右两旁造成垂直的黑边，也就是所谓的幕布（curtain）。幕布不仅比“上下加框”更难以达到视觉效果，而且，即使你想用“摇摄及扫描”的方法来补救，都做不到。

我们应当把高宽比作为一个变数。当电视有了足够的像素时，采取

---

[12] 飞点扫描器（flyingspot scanner）是扫描器的一种，采用较高的加速电压、精密的电子聚焦系统和扫描偏转系统以得到高亮度、高分辨率的光点，并使扫描的几何畸变较小。

[13] 伍迪・艾伦（1935—），美国当代幽默作家兼喜剧演员。

视窗方式具有非比寻常的意义。10 英尺银幕与 18 英寸荧幕的收视经验开始合而为一。事实上，将来，当你拥有极高的显像分辨率和上及天花板、占满整面墙的超大显示器时，与小屏幕上的画面不同，你也许会把你的电视影像放在大屏幕上，就好像房间里的植物一样，成为室内装饰的一部分。整面墙都可以成为电视画面。

电子游戏业的末路?

仅仅在 5 年以前，包括苹果公司在内的计算机生产商，还不愿积极地开发家庭市场。这真是令人难以置信。更早的时候，德州仪器公司（Texas Instruments）宣布退出家用计算机市场的举措，甚至还使其股价上扬。

1977 年，IBM 的董事长弗兰克·卡瑞（Frank Cary）向公司股东宣布，IBM 将跨入消费电子领域。按照典型的 IBM 做法，首先成立了一个特别小组，小组对一些可能成为开发对象的产品，其中包括手表，进行了全面评估。最后，IBM 决定上家用电脑项目。一个极为秘密的计划接着开始进行，计划的代号为“城堡”（Castle）。我每周花一天的时间担任这个计划的顾问。参加计划的人雄心勃勃，酝酿制造出一种内装数字式影碟的个人计算机。

杰出的工业设计师埃略特·诺伊斯（Elliott Noyes）创造出了一台家用计算机的原型机，20 年后的今天，假如我们家中能够拥有一部这样的计算机，也会感到自豪。但是，这个梦想却开始破灭。IBM 设在纽约波基普西（Poughkeepsie）的实验室无法让可传送的（激光直接穿过一张透明的碟，而不是通过一张发光的碟反射）、柔性的、时间长达10 小时的数字式影碟正常运转，于是个人计算机和影碟只好分道扬镳，“城堡”被一分为二。

这个计划的个人计算机部分转移到另外的 IBM 实验室手中，起初由位于佛蒙特州（Vermont）的伯灵顿（Burlington）实验室接管，后来又被转给波卡雷顿实验室（再往后的故事已经写进了历史）。影碟的部分后来没有了下文，代之以和 MCA 公司的合资计划（不久两家公司都后悔万分）。“城堡”计划胎死腹中，而个人计算机还要再等上几年，才在史蒂夫·乔布斯的车库中诞生。

几乎在同一时间，电子游戏业引进了与过去截然不同的计算机和制图技术。这些消费性产品因其固有的互动性，而显得活力十足。此外，它们的硬件和内容也极其自然地融为一体。电子游戏生产商不靠硬件赚钱，游戏软件才是他们的摇钱树。这就和剃须刀与刀片的故事一样。

但是就像那些现在已经绝迹的企图封锁专利的计算机厂商一样，到目前为止，电子游戏生产商错过了开放他们的封闭系统（closed system）、依靠自己的想象力进行竞争的大好机会。如果世嘉和任天堂还不能清醒过来，认清个人计算机正在鲸吞它们的市场，那么它们迟早也会绝迹。

今天，个体电子游戏设计人员必须懂得，他们的游戏只有为通用平台（general-purpose platform）而设计，才最有可能登上畅销排行榜。而这种平台，仅英特尔一家每年就打算卖出 1 亿套。出于这个原因，个人计算机的制图技术很快会向你今天所能见到的最先进的游艺厅电子游戏看齐。以个人计算机为基础的游戏，将会取代我们熟知的专用游戏系统。在短期内，特殊用途硬件唯一还能施展的空间，就只剩下虚拟现实了。

3. 虚拟现实

矛盾修饰与重复修饰

麦克·哈默（Mike Hammer，不是那个侦探[1]，而是全球首屈一指的企业名医或者所谓的“企业形象再造工程师”，他将“企业变革”（corporate change）形容为一种几乎要变为重复修饰的矛盾修饰（基础稳固的大企业却需要变革！）。所谓“重复修饰”，是指像在“某人自己的心目中”这类重复累赘的表述；而矛盾修饰，则是像“人工智能”或“飞机食品”等显而易见的矛盾组合。重复修饰和矛盾修饰是否恰好相反，还有争论的余地，但倘若我们要颁发“最佳矛盾修饰奖”，那么“虚拟现实”一词一定榜上有名。

假如我们把组成“虚拟现实”一词的“虚拟”和“现实”两个部分

[1] 此人恰好与美国作家米基·斯比兰（Mickey Spillane）系列惊险小说中的主人公麦克·哈默侦探同名同姓。

看成“相等的两半”（equal halves），那么把“虚拟现实”当成一个重复修饰的概念似乎更有道理。虚拟现实能使人造事物像真实事物一样逼真，甚至比真实事物还要逼真。

比如说，飞行模拟，这一最复杂和使用时间最久的虚拟现实应用，就比驾驶一架真正的飞机还要逼真。刚训练出来的、但已练就一身好本领的飞行员之所以能在初试牛刀时就驾驶一架满载乘客的“真正”波音747客机，原因就是他们在飞行模拟器上学习驾驶技术，要比他们在真正的飞机上学到的还要快、还要多。在模拟器中，飞行员会置身于在现实世界里可能不会出现的所有罕见的情况中，包括飞机几乎相撞或裂成几段。

另外一个具有社会意义的虚拟现实应用，就是汽车驾驶学校的驾驶训练。在一条湿滑的路上，突然有个小孩冲到两辆汽车中间，如果从未经历过这种情况，谁也不知道自己会作何反应。虚拟现实容许我们“亲身”体验各种可能发生的情况。

身临其境

虚拟现实背后的构想是，通过让眼睛接收到在真实情境中才能接收到的信息，使人产生“身临其境”的感觉，更重要的一点是，你所看到的形象会随着你视点的变化即时改变，这就更增强了现场的动感。我们对真实空间的感觉来自各种视觉线索（visual cues），例如物体的相对体积、亮度以及在不同角度上的运动情况。其中最强烈的线索来自双眼透视（perspective），由于左右眼看到的形象并不相同，双眼同时使用时就会产生特别强有力的效果。把这些不同的形象合成一个三维图像，也就构成了立体视觉（stereovision）的基础。

每只眼睛的深度知觉（perception of depth）略微不同，造成了两只眼睛所看到的形象不尽相同。这种现象称为视差（parallax）。当近距离观察物体时（假如在 6 英尺以内），视差的效果最为显著。距离较远的物体基本上会在两眼上投射相同的影像。你有没有想过为什么立体电影（3-D movie）里总是有许多近距离内来来回回的动作？为什么影片里的物体总是朝观众席里飞来？因为那些移动正是设计在立体影像的最佳效果距离之内。

虚拟现实的典型道具是一个头盔（helmet），上面有两个护目镜（goggle）般的显示器，每只眼睛对应一个显示器。每个显示器都显现稍微不同的透视影像，与身临其境时的情景完全一样。当你转动脑袋的时候，影像会以极快的速度更新，让你感觉仿佛影像的变换是因你转头的动作而来（而不是计算机实际上在追踪你的动作，后者才是实情）。你以为自己是引起变化的原因，而不是经由计算机处理后所造成的一种效果。

视觉经验的真实程度是由两个因素共同决定的。其一是图像的质量，即图像中显示的边和其间结构的数量的多少，数量越多，质量越好。其二是响应时间，即画面更新的速度，速度越快越好，响应时间越短越好。这两个变数都要求计算机具有十分强劲的性能。直到最近，对大多数的产品开发商而言，这样威力强大的计算机还不可得，现在情况刚刚有了改变。

虚拟现实技术早在 1968 年就已诞生，当时第一个头戴式的显示系统正是由伊凡·苏泽兰制造成功的。后来，美国国家航空和宇宙航行局以及国防部所作的研究，为太空探索和军事应用开发了一些价格昂贵的虚拟现实原型机。虚拟现实特别适合用在坦克和潜水艇操作训练上，因为在“真实的”战争中，同样必须透过望远镜或潜望镜来观察外面的景象。

直到今天，当我们拥有了威力强、成本低的计算机时，才可能把虚拟现实技术当作一种满足消费者娱乐目的的媒介。而在虚拟现实的新面貌中，绝对少不了令人惊恐万状的镜头。

侏罗纪公园探险

“侏罗纪公园”（Jurassic Park）可以让你体验到虚拟现实的惊人效果。但是和同名电影或书不同的是，在虚拟现实的侏罗纪公园里，并没有一条故事的主线。在这里，迈克尔·克莱顿的任务就像舞台设计师或游乐场设计师一样，是赋予每只恐龙不同的外貌、个性、行动和目的。模拟的恐龙动起来之后，你走入它们中间。这不是电视，也不必跟一尘不染的迪士尼乐园一样。这里没有拥挤的人群，没有长长的队伍，也没有爆米花的香味，有的只是恐龙的粪便。你就好像走入了史前的丛林中，而且这里可以显得比任何真正的丛林都更加危险。

未来的大人和孩子都可以用这种方式自娱。由于这些幻象全部经由计算机处理而产生，并非真实的情境，因此也就无须受实物大小或发生地点的限制。在虚拟现实中你可以张开双臂，拥抱银河，在人类的血液中游泳，或造访仙境中的爱丽丝[2]。

目前的虚拟现实还有不少缺点和技术上的失误，必须加以克服之后，才能使它具有更广泛的吸引力。例如，低成本的虚拟现实就深受阶梯状不规则图形的困扰。当影像移动的时候，这种锯齿状的图形显得更不稳定，因为它们看起来好像在移动，但却不一定与画面移动的方向一致。想一想水平线的样子，一条非常平直的水平线。现在稍稍把它倾斜一点，水平线中央就会出现一段锯齿形状，然后再倾斜一点，又出现第二个、第三个和更多的锯齿地带。这些锯齿看起来仿佛在移动，直到这条线终于倾斜成 45°，则线上相邻像素所组成的锯齿排成了一个楼梯形，一个挨着一个，简直难看极了。

总是慢半拍

比这还要糟的是，虚拟现实的速度还不够快。所有的商业系统，尤其是许多电子游戏生产商即将推出的新产品，都有慢半拍的问题。当你转动头部的时候，影像会很快地改变，但是还不够快。图像总要慢半拍才出现。

三维计算机图形刚出现的时候，人们使用各式各样的立体眼镜来达

---

[2] 19 世纪英国童话作家刘易斯·卡罗尔（Lewis Carroll）的作品《爱丽丝漫游仙境》中的人物。

到观看效果。有时是廉价的偏光镜片（polarized lenses），有时则是较昂贵的电子快门（electronic shutter），会轮流让双眼接收不同的影像。

我还记得，我第一次操作这类装置时，所有的人——不是大多数人，而确确实实是每个人——生平第一次戴上这种眼镜并在屏幕上看到立体图像后，都会把头转来转去，想看看图像怎么变，结果就和看立体电影一样，图像并没有改变，把头转来转去没什么用。

人们这种“扭动脖子”的自然反应正说明了一切。虚拟现实必须紧密配合对用户的动作和所在位置的感应，让观看者能够引发图像的变化，而不是完全由机器来控制。重要的莫过于计算机能跟踪头部的转动并能回应它的快速变化。图像更新的速度（频率响应）实际上比分辨率更为重要。由此可见我们的运动神经系统是多么敏锐，即使最轻微的反应迟钝也会破坏整个感官经验。

大多数的制造商大概都会完全忽略这一点，而把早期拼命强调图像的高分辨率的虚拟现实系统推向市场。这样做的结果是牺牲了响应速度。其实，假如他们减少图形显示，加强图像的防锯齿技术，并且加快响应速度，那么他们所提供的虚拟现实体验将会更加令人满意。

另外一个办法是，完全放弃为左右眼分别提供不同透视影像的头戴式显示器，而改用所谓的自动立体效果技术，让真实的物体或全息影像（holographic image）在空中浮现，使双眼一起收视。

会说话的头

20 世纪 70 年代中期，高级研究计划署开展了一项有关电信会议的重要研究，以期解决有关国家安全的一个重要问题。这项研究的具体要求，是要以电子传输方式，为身处 5 个地方的 5 个特别的人，制造出最大限度的同在现场的感觉。这 5 个人分散在不同的地方，但是必须让每个人都相信，另外 4 个人也和自己同在一个现场。

这一不同寻常的电信技术要求，是受了政府某些紧急措施的驱使，这些措施通常是在核大战中或是面临核大战威胁时所采取的。在 20 世纪 70 年代，如遇上述情况，美国政府会进行如下行动：总统、副总统、国务卿、参谋长联席会议主席及众议院议长立刻抵达弗吉尼亚州（Virginia）一个非常有名的山洞，从一个先进的指挥控制室中捍卫美国（就像电影《战争游戏》里的那个指挥官一样）。据称，这个指挥室不仅不怕攻击，而且还能隔绝原子弹的放射性尘埃。

但是，把这 5 个重要人物全都聚集在一个众所周知的所在，能有多安全呢？假如让他们分散在不同的地点（比如一个在空中，一个在潜艇中，一个在山底地下室里，等等），但却感觉好像聚集一堂，岂不是安全得多吗？显然，这样做会安全得多。由于这个原因，高级研究计划署资助了一项关于电信会议的高级研究，我和我的同事们在这项研究中获得了一个委托合同，内容是以数字化方式创造一个实时的、类人的“电信化身”（telepresence）。

我们使用的方法是：依照每个人的脸形和实际尺寸，制作了透明的头罩，而且每个头罩都复制 4 份。每个头罩都戴在一个平衡环上，可以有两度的自由旋转余地，因此可以点头或转头。头罩的内部还可以放映出完美录制的影像。

每个地方都有1个真人和4个动来动去的塑料头，按照相同的次序，围坐在桌旁。摄像机把每个人的形象和头的位置都捕捉下来，再传送出去。如果总统转过头来，和副总统讲话，国务卿在他所在的地方看到的则是总统的塑料头在和副总统的塑料头讲话。我得承认，这的确是怪异之极的景象。

以这种方式播放的录像产生出了几乎可以乱真的模拟效果。一位海军上将告诉我，这些“会说话的头”让他晚上噩梦连连。他宁可接到总统亲自发出的电报，黄纸上是全部用大写字母组成的“FIRE”（开火），也不愿在航空母舰的舰桥上，看到总司令摆来摆去的头。他的反应很奇怪，因为他顽固地认为，他怎么知道他所看到的形象和听到的声音真的是总统本人的（而不是冒牌货）?不过事实上，电报作假要容易得多。

在下一个1000年或2000年里，我们可能仍不知道该如何把人（乳酪汉堡或羊绒衫）进行信息分解、传输和重新组合。但与此同时，会出现许多新的显示技术，和目前我们已经习以为常的平面或接近平面的屏幕大不相同。影像无论大小都将越来越不受显示器4条边线的限制。未来，一些最富想象力的数字化装置将没有任何边！

《星球大战》与全息术

到下个1000年中的某个时候，我们的孙子或曾孙将以一种新的方式观看足球比赛（如果还那样叫的话）。他们会在咖啡桌（如果还那样叫的话）旁来回移动，让 8 英寸高的球员在起居室（如果还那样叫的话）中任意驰骋，把一个半英寸高的足球踢来踢去。这个模式与早期虚拟现实的想法完全相反。无论你从哪个角度观看，都能享受极高的分辨率。无论你朝什么地方看，你看到的都是在空间浮动的三维像素。

在《星球大战》（*Star Wars*）这部影片中，R2D2 就用这种方式，把莉亚公主的影像投射在欧比王的地板上。美丽的公主变成了投射在空间中如幽灵般的幻影，从任何角度（原则上说）都能看得见。这种特殊效果，就像《星际旅行》和其他科幻电影中的类似效果一样，无意间造就了一批对全息一类技术麻木淡漠的观众。我们在电影中看过太多类似的镜头，因此误以为这种技术很容易。

事实上，发明白光全息术（white light holography，今天这种技术普遍用在信用卡上）的麻省理工学院教授斯蒂芬·本顿（Stephen Benton）花了二十多年的时间，借助于价值上百万美元的超级计算机的力量，运用了几乎无价的特殊光学仪器，再加上十几位出众的博士生孜孜不倦的努力，才得到了（与你在电影中所看到的）类似的效果。

全息术（holography）是匈牙利科学家丹尼斯·盖博（Dennis Gabor）于 1948 年发明的。用最简单的话来说，全息图像（hologram）就是把一个情境中所有可能的景象聚集在一个光调制模式下的单一平面上。随后，当光束通过这个平面或被这个平面反射的时候，原先的景象会在空间中以光学方式重组，成为立体影像。

100 万倍的分辨率

在不断改进显示技术的精益求精的竞赛中，全息术一直是一匹实力难测、有可能后来居上的黑马。其中一个原因是全息术要求极高的分辨率。你的电视应该有 480 条可见的扫描线（也可以比这少得多），假如你的电视屏幕的高度是 10 英寸，那就是说你的电视机（在最佳状态下）每英寸有差不多 50 条扫描线。全息术需要的分辨率是每英寸 50000 条扫描线，即需要比你的电视机高出 1000 倍的水平扫描线。更糟的是，分辨率意味着在水平和垂直 10 向同时扫描，这样全息术所需要的分辨率就是今天电视的 1000^2 倍，也就是 100 万倍。你在信用卡甚至某些国家的钞票上能看到全息影像的原因之一，正是因为这种分辨率需要非常复杂、难以仿造的印刷技术。

本顿和他的同事们之所以在全息技术方面有所建树，是因为他们聪明地找出了人类的眼睛和感觉系统真正的需求，并把它与自然的全息图像所能制造的东西加以对照。既然人类的眼睛是影像的接收器，那么向它呈现太多它无法分辨的细节就是一种愚蠢的做法了。同样地，本顿注意到我们注视空间中正在形成的影像（从空间中取样）的方式，和我们注视电影中单个画面（以时间来取样）的方式如出一辙。慢动作的影像差不多是每秒 30 帧画面（60 个扫描场）。由此，与其制造一个能够反映所有视点的全息图像，不如把它做成每英寸上有一个视点而省略掉中间的其他数据的影像。他成功了。

除此以外，本顿和他的同事们还注意到，我们的空间感在很大程度上是一种水平空间感。由于并列的双眼的视差，而且由于我们的视线总是沿着近乎水平的方向移动，因此在我们对空间的感觉中，水平视差比垂直视差（上下的变化）重要得多，水平视差所捕捉的空间信号占了绝大多数。假如我们的眼睛是一只叠在另一只的上面，或是我们经常在树上爬上爬下，情形或许不同。但事实却非如此。事实上，水平视差对视觉的影响太大了，本顿后来决定根本不去考虑垂直视差的问题。

因此，媒体实验室所展示的全息影像几乎都没有垂直视差。当我们向来访的人介绍本顿实验室外悬挂的一组全息样品时，他们根本没有注意到这些样品是没有垂直视差的。事实上，一旦我告诉他们这些图像没有垂直视差时，他们都会弯下腰来，再踮起脚尖反复地细看，最后才真的相信。

空间取样结合水平视差（完全忽略垂直视差）的结果是，在本顿小组的手中，与制造一个全分辨率的全息影像相比，如今只需要 1%的计算机计算能力，就能得到这种新的影像。由于这个原因，他们制造出了全世界第一个全彩的、由有深浅明暗变化的形体所构成的实时全息影像。它自由地漂浮在空中，其大小和形状相当于一个茶杯或“矮胖”的莉亚公主。

整体大于部分之和

显示的质量确实不单和视觉有关。它是一种典型地运用了其他感官体验的收视经验。各种感官构成的整体的确大于部分之和。

在高清晰度电视刚刚萌芽的时候，当时在媒体实验室工作的社会科学家拉斯·纽曼（Russ Neuman）进行了一个划时代的实验，测试观众对显示质量的反应。他安装了两套一模一样的高清晰度电视和录像机系统，放映一模一样的高质量录像带。不过，他在 A 组用的是录像机的普通音质和电视机的小扬声器，而在 B 组中，则使用了很棒的扬声器，可以播放出比 CD 还要好的音质。结果令人吃惊。许多实验对象报告说 B 组的图像清晰得多。事实上，两组影像的品质完全一样。但 B 组的收视经验却好得多。我们倾向于把感官经验作为一个整体来加以判断，而不是根据各个部分的经验来加以判断。虚拟现实系统在设计上有时忽略了这个重要的观察结果。

在设计军事坦克训练器的时候，人们花了很多心血来达到最高的显示质量（几乎不计任何代价），希望获得的效果是，当你注视显示器的时候，几乎就和从坦克的小窗口看出去一样。这个想法挺好，但在不断增加扫描线数目上进行了艰苦卓绝的努力之后，设计师才想到可以引入一种价格低廉、会稍稍震动的运动平台。设计师又在此基础上增加了一些额外的感官效果——坦克的发动机声和轧过地面的声音——结果整体感觉十分逼真，设计师因此可以减少扫描线的数目，而不会影响整体视觉效果。无论如何，这个系统看起来和感觉起来都很真实，已经超过了原来的要求。

经常有人问我，为什么我吃东西的时候要戴着眼镜，因为我显然不需要眼镜，也能看得见食物和刀叉。我的回答很简单，当我戴着眼镜的时候，食物显得更加美味可口，能够清楚地看见食物是饭菜质量的一部分。

“看”和“感觉”相得益彰。

4. 看和感觉

让计算机看得见

跟装了传感器（sensor）的现代盥洗室或户外泛光灯比起来，个人计算机对人的存在的感觉真是迟钝。便宜的自动对焦相机要比任何终端或计算系统都更清楚面前的景象，因而拥有比计算机更高的智能。

当你从计算机键盘上抬起手来的时候，键盘不知道你是因为思考而暂停、是自然的休息，还是跑出去吃午饭了。它分辨不出是在和你一个人讲话，还是它面前还站着另外 6 个人。它也不知道你究竟是穿着晚装或宴会装，还是一丝不挂。因为如此，所以当它正在屏幕上显示重要信息时，你可能正好背对着它；或是当它正在和你说话时，你可能正好走开，根本没听见。

我们今天的着眼点完全放在如何使计算机更容易为人使用上。也许现在是问这样一个问题的时候了：怎样才能使计算机更容易与人相处？打个比方，假如你不知道谈话对象究竟在不在场，你怎么和他们讨论事情呢？你看不见他们，不知道他们共有多少人。他们面带笑容吗？他们到底有没有集中注意力听你讲话呢？我们充满渴望地谈论人机互动和对话系统，然而我们却存心把参与对话的一方留在黑暗中。

现在是该让计算机看得见、也听得见的时候了。

读你千遍也不厌倦

关于计算机视觉的研究和应用长期以来几乎完全是针对情景分析的。这种情景分析尤其用于军事上的目的，如无人驾驶车辆和智能炸弹。计算机在外层空间的应用也带动了科技的最新发展。假如你让一个机器人（robot）在月球上漫游，机器人只是把看到的影像传给地球上的操作人员还不够，因为即使用光速来传输，需要的时间仍然太长。假如机器人走到了悬崖边，等到人类操作员看到录像中出现悬崖，赶忙把口信传到月球上，叫机器人别再往前走时，机器人早就已经掉下去了。这只是情景分析的一个例子。在这种情况下，机器人必须根据它所看到的情景，自己下判断。

科学家不但越来越了解影像，并且已经开发出一些技术，比如说，能从明暗度推测形状，或把物体从背景中抽离出来。但是直到最近，科学家才开始审视计算机对人的识别能力，以改进人机界面。事实上，你的脸就是你的显示设备，计算机应该能够读取它。因此，它必须能辨认你的脸以及你独特的表情。

我们的表情和我们想要表达的内容息息相关。通电话的时候，我们不会因为电话线另一端的人看不到我们，就面无表情。事实上，有时候为了加强口语的分量和语气，我们会更多地调动脸部的肌肉，并伴有更夸张的手势。计算机可以通过感应我们的表情，接收到繁复而且并行的信号，因此令我们的口语和文字信息都更加丰富。

使计算机能够辨认人的脸部和表情，这是一个令人生畏的技术挑战。尽管如此，在某些情况下，这一点还是完全可以实现的。在你和计算机一对一的情况下，计算机只需要知道操作计算机的人是不是你，确定坐在它面前的不是地球上任何其他人就够了。此外，把人从背景中分离出来也十分容易。

很可能在不久的将来，计算机就能看到你。1990 年至 1991 年，海湾战争爆发之时，许多商务旅行都被禁止，因此电信会议大量增加。此后，越来越多的个人计算机都配置了价格低廉的电信会议设备。

电信会议的硬件包括一个架设在显示器上方中央的电视摄像头，以及能编码、解码和实时地把影像全部或部分地显示在计算机屏幕上的硬件和软件。个人计算机将会越来越充分地为影像通信做好充分准备。当初电信会议系统的设计者们并没有想到要把摄像头用在个人电脑上，让我们享受到面对面的计算机通信。但是，这又何妨呢？

人鼠之间

我们媒体实验室的尼尔·葛森菲尔德（Neil Gershenfeld）做过一个

很有趣的研究：比较只要花几分钟便可学会、价值 30 美元的鼠标，和要花一辈子才能精通、价值 30000 美元的大提琴弓。他对照了 16 种运弓技巧和单击鼠标、双击鼠标和拖曳鼠标的动作。大提琴的弓是为音乐巨匠设计的，而鼠标则是给你我这种人设计的。

就图形输入（graphical input）而言，鼠标是简单而又累赘的媒介。使用鼠标有 4 个步骤：①摸索寻找鼠标；②晃动鼠标以找到光标（cursor）；③把光标移动到你希望的位置；④单击或双击鼠标按钮。苹果“强力笔记本”电脑的创新设计至少把这些步骤简化为 3 个，并且采用了一个“静止鼠标”（最近又改成了“跟踪板”），可以随手指移动，因此使打字时所受的干扰减少到最低程度。

画图的时候，鼠标和跟踪球（track ball）就一筹莫展了。不信你试着用跟踪球来签签名看。在这种时候，用“数据板”是个好得多的办法，也就是用像圆珠笔一样的笔尖，在一个平滑的表面上操作。

配置了绘图数据板的计算机并不多，而那些配置了数据板的计算机又仿佛患了精神分裂症一般，不知道该怎样安置数据板和键盘的位置才合适，因为两者最好都直接摆在显示器下方的中央位置。解决冲突的方式通常都是把键盘放在显示器下方，因为大多数人（连我也在内）根本不碰图案。

结果，数据板和鼠标都被摆在旁边，我们必须学会某种不太自然的手、眼协调方式。你一边在下面操作数据板或鼠标，一边用眼睛盯住屏幕；也就是说，我们是靠碰触来作画的。

光笔与数据板

鼠标是道格拉斯·恩格巴特在 1964 年发明的。当初他设计鼠标是为了指点文件，而不是作画。但是这个发明却流传下来，而且今天随处可见。美国国家艺术基金会主席简·亚历山大（Jane Alexander）最近开玩笑说，只有男人才会想到把它叫做鼠标[1]。

在她说这番话一年以前，伊凡·苏泽兰完善了直接用光笔在屏幕上作画的概念（20 世纪 50 年代，赛其防空系统[2]曾使用过一些粗糙的光笔）。苏泽兰的方法是：跟踪由 5 个光点构成的十字形光标。要停止绘图，只要抖一下手腕，退出跟踪就可以了。这是个精巧、但不太精确的终止画线的方式。

今天，光笔事实上已经踪影全无。因为把手举在屏幕前是一回事（且不说当血液顺着手掌不停地往下流时，要长时间保持这个姿势已经十分辛苦了），而拿着一管和计算机拴在一起的、两盎斯重的笔，更会令手掌和手臂异常疲劳。有些光笔的直径达半英寸，用的时候感觉就好像夹着雪茄写明信片一样。

在数据板上画起图来则格外舒服，而且只要多费点心思设计，笔尖也能产生出如艺术家画笔一样的质感和丰富效果。到目前为止，数据板通常让人感觉好像是用圆珠笔在一块平滑而坚硬的板上作画，因此必须在桌面上靠近你和显示器的地方，为这块板找个安身之处。既然我们的

---

[1] “鼠”在俚语中亦有“姑娘、女朋友”之意。

[2] SAGE defense system，即半自动地面控制网防空系统，分布于美国和加拿大。

桌上已经堆满了东西，如果要让数据板流行起来，唯一的办法是家具制造商把数据板直接做进桌面里，这样一来，就没有单独的数据板了，只有桌子本身。

指上神功

事实上，人类的手指堪称图形输入领域的一匹黑马。

自动取款机（automated bank teller machine）和问讯处现在都成功地采用了触控式显示器（touch-sensitive display）。但是个人计算机几乎从来不让你的手指触摸显示屏。如果想到手指是你随身的指示装置，不需要再从外界获取，何况我们还有 10 个手指，就会觉得这种现象令人吃惊了。你的手指可以优雅地从打字的动作过渡到指点的动作，从水平面移到垂直面。然而，手指仍然没能流行起来。以下是我听到的三个理由，但是我现在一个都不信。

*当你用手指指一样东西时，你就盖住了那样东西。*没错。但是纸和笔的情况如出一辙，我们却没有因此就不用笔写字，或是不用手指指着书上的内容。

*手指的分辨率很低。*错误。你的手指也许短粗，但是分辨率却高得不得了。在碰触屏幕表面后，只需要再采取一个步骤，轻轻转动你的手指，精确地指出光标的位置就可以了。

*手指会把屏幕弄脏。*但是，它也可以把屏幕擦干净！你可以这样来想触控式显示器的问题，这种显示器上总是会有看不见的污垢存在，干

净的手指可以把它弄干净，肮脏的手指则会把它弄得更脏。

我们没有采用手指输入的真正原因是，我们还没有研究出能够感应手指附近范围的高明技术，也就是说，没法做到当手指离屏幕很近，但是还没有碰触屏幕的时候，计算机就能感应出来。而如果显示器只能感应到手指“碰触”和“没有碰触”这两种状态，则这样的应用往最好的地方说也是笨拙不堪的。然而，假如当你的手指伸到了显示器前 1/4 英寸以内时，光标就会显示在屏幕上的话，触摸屏幕的输入方式就会像按鼠标器一样方便了。

手指还有一个特性：指纹就好像防滑轮胎上的纹路一样，会在手指皮肤碰触到屏幕玻璃时，产生摩擦。这种附着性能让你施力于屏幕表面，并使力量透过表面作用于屏幕之内。

20 年前，我们在麻省理工学院制造了一个试验手指触控的装置，我们发现当人的手指用力压在屏幕上时，不需移动手指，就会产生足够的摩擦力，让画面上的物体动起来，可以推、拉，甚至让它转起来。有一次在演示中，示范者用两三根手指触摸屏幕，然后借着手指对显示器的黏着力，转动屏幕上出现的把手。把手不仅真的旋转了，而且还发出喀啦喀啦的声音，使效果显得更加逼真。这种技术可以应用的范围很广，从儿童电子游戏直到简化的飞机驾驶舱都可以使用。

界面的反击

遥控装置通常都用在像核反应堆这样的有毒环境中。反应堆内安装了机械手臂（robot arm），而人类在外面对它进行控制。通常，主设备和从属的机械手远远隔开，而操作员则从电视屏幕上观察反应堆内的景象。操作员在主设备端以大拇指和食指来操纵末端的机械手伸缩十指，抓起物体，并由此感应到铀的重量和弹性（如果有的话）。

美国北卡罗来纳大学（University of North Carolina）的弗雷德·布鲁克斯（Fred Brooks）和他的同事们想到一个绝妙的主意：想象那个机械手根本不存在，而把通往机械手的电线连接到一台计算机上，让计算机来模拟整个过程，你在屏幕上看到的物体不是真的，而是计算机根据其重量和弹性的特点而造出并显示给你看的模型。

在我们眼中，计算机的触觉感应性差不多完全是指人去触摸计算机，而不是计算机去触摸人。

我曾经参与制造一部原型机。这部机器有个强力反馈（force feedback）的设计，你想怎么移动这部机器都可以，但是机器也会出现反推的力量，跟你对抗。在计算机控制下，机器能从自由移动的状态，变得好像被推着在蜜糖中移动一样，简直寸步难行。在其中的一次试验中，我们使用了马萨诸塞州（Massachusetts）的地图和人口统计数据库。用户只要移动强力反馈的数字转换器（digitizer）从地图上穿过，就能规划出新公路路线。然而，推动数字转换器需要的力量会随着需要搬迁的家庭户数而改变。因此，你可以闭上眼睛，然后顺着阻力最小的那条路，实实在在地画出最容易建设的新公路路线。

当IBM在它的“思考本”（ThinkPad）笔记本型计算机键盘的中央，设计了小小的红色操纵杆（joystick，鼠标的替代产品）时，它实际上向这种强力反馈的应用张开了双臂（因为操纵杆是靠感应力量而不是靠移动位置来操作的）。日后，当各种应用的发展日新月异，用户也习惯于感受“思考本”操纵杆的反推力量时，高级触控式的计算机信息处理将会很快风行市场。

另外一个例子是由苹果计算机的阿伦·凯伊（Alan Kay，通常被认为是个人计算机之父）向人们展示的。他手下的一个研究人员设计了一种“顽固的”鼠标，利用可变的磁场控制鼠标移动的难易程度。当磁力很大时，鼠标会完全停下来，动弹不得，光标无法越雷池一步。

你的眼睛会说话

设想一下一面读着计算机屏幕上的文字，一面问：那是什么意思？她是谁？我怎么到了那个地方？问题中的“那”、“她”和“那个地方”是由当时你眼睛注视的方向决定的。这些问题牵涉你的眼睛和文件的接触点。我们通常都不把眼睛当作输出装置，但我们却总是以眼睛来输出信息。

人类能够觉察彼此目光的方向，并且进行视线的交流，这种本领当真神奇不已。想象一下，站在 20 英尺以外的一个人有时候直视你的眼睛，有时目光却从你肩膀的上方穿过，注视着远方。即使此人目光注视的方向和你的视线只有不到 1° 的差距，你也能立刻感觉到其中的差异。这究竟是怎么回事呢？

你当然不是用三角学的方法算出来的，换句话说，并不是计算另外一个人的视线是否与你的视线相交。不，其中另有蹊跷。你的眼睛和那人的眼睛之间一定传递了一个信息，但我们还不清楚个中奥妙。

跟踪眼球的运动

总之，我们总是用眼睛来指示物体，当有人问你，某某人到哪里去了，你的回答可能只是注视着敞开的房门。当你说明要带什么东西时，可能会盯着一个旅行箱，而不是另一个。这种视线的指示，加上头部的动作，可以是非常有力的沟通渠道。

今天，已经有一些技术可以跟踪眼球的运动。我最早看到的一种技术，是戴在头上的眼球跟踪器（eye tracker）。当你读文件内容时，跟踪器会把屏幕上的文字从英文变成法文。当你的中心视线不断地从一个字移到另一个字的时候，你看到的每个字都是法文，于是整个屏幕看起来是 100%的法文。但是，眼球没有被跟踪的旁观者看到的屏幕，却大约 99%都是英文（也就是说，除了戴着跟踪器的那个人正在看的字是法文外，其他的字都是英文）。

更现代的眼球跟踪系统则采用远距离电视摄像头，因此用户不需要戴任何装置。能显像的电信会议配置尤其适合进行眼球跟踪，因为用户往往隔着相对固定的距离坐在屏幕前面，而且你通常都会注视着和你进行远端通信的那个人的眼睛（计算机会知道眼睛的位置）。

计算机越清楚你的位置、姿势和眼睛的特点，就越容易掌握你注视的方向。具有讽刺意味的是，这种利用眼睛作为输入装置的异乎寻常的媒介可能最先应用在一个平淡无奇的结构中，即坐在计算机桌前的人身上。

当然，如果你把眼睛（看）和另外一种输入工具——嘴巴（说）同时使用，效果会更好。

5. 咱们能不能聊聊？

弦外之音

对于大多数人而言，打字并不是一种理想的界面。假如我们能和计算机说话，那么即使是最坚定的反机器分子[1]，大概也会以更大的热情来使用计算机。但是，目前的计算机仍然又聋又哑。这究竟是为什么呢？

计算机在语音识别（speech recognition）方面一直没有多大的进展，主要原因不在于缺乏技术，而在于缺乏眼光。每当我在语音识别的成果展示会或产品广告中，看到人们拿着麦克风说话时，我都很奇怪：难道他们真的忘了，说话最大的价值之一就在于能让双手空出来做别的事情吗？当我看到人们把脸贴近屏幕讲话时，我也很奇怪：难道他们忘了，能够遥控是使用声音的原因之一吗？而当我听到人们要求设计出能够

[1] 原文为 Luddite（勒德派），原指 1811—1816 年英国手工业人中参加捣毁机器运动的人，后泛指反对机械化、自动化的人。

识别出各个独立用户的语音系统时，我问自己：他们是不是忘了，我们是在和个人计算机说话，而不是在和公用计算机说话？为什么似乎每个人解决问题的着眼点都落在错误的方面呢？

原因很简单。直到最近，我们一直被两个带有误导性的观念所驱使。第一个观念是受到老式电话通信系统的影响，希望任何人在任何地方都能拿起话筒对计算机发号施令，而不需要和接线员对话，而且不管说话的人怎样南腔北调都无关紧要。另外一个挥之不去的想法来自办公自动化（Office Automation，OA）——我们希望有一种会说话的打字机，我们对着它一口气不停地说，它能一字不差地把我们的口述转化成文字记录下来。由于大家一直只把注意力放在这两个方面，使我们拖延多年，始终无法实现一些更容易实现的（同时也是有用的）目标，即让计算机在高度个人化而且互动的环境中，识别并了解对话内容。

我们也忽略了说话在文字以外的价值。举例来说，今天的计算机需要人全神贯注。你通常都必须正襟危坐，同时把注意力放在互动的过程和互动的内容上。在走来走去时使用计算机，或在有多组对话时让它参与其中的一组，简直是不可能的。语音识别可以改变这一切。

能够在一臂远的距离之外使用计算机，是非常重要的事情。想象一下，假如你和别人说话的时候，他/她的鼻子尖老是凑到你的脸上，那是什么感觉！我们通常都隔着一定的距离与别人讲话，偶尔还会转过身去同时做些别的事情。甚至有时已经走到别的地方而互相看不见了，还在说着话。这种情况屡见不鲜。我希望有一部在“听力范围”之内的计算机，它必须能把说话的声音和周围的杂音（例如空调或飞机在头顶上飞过的声音）区分开来。

讲话胜于文字的另一个原因是，它可以有其他附带方式来传递信息。家里有小孩或养了宠物的人都知道，怎么样讲话可能比讲什么话更重要。说话的语气非常关键。例如，不管主人如何吹牛，说他宠爱的小狗如何如何，小狗似乎只对语调有反应，它内在的分析复杂词汇的能力基本为零。

说出来的话除了字面的意思之外，同时传递了大量的信息。讲话的时候，我们使用完全一样的字眼，可以表达或激情洋溢、或嘲讽、或愤怒、或闪烁暧昧、或曲意逢迎、或精疲力竭等不同的情绪。在计算机语音识别的研究中，大家都忽略了这些细微的差异，更糟的是，把它们视为瑕疵，而不是特点。然而，正是这些特质，使说话成为比打字更丰富的输入媒介。

让计算机“听话”

假如你的外语能力还不错，但是还不到应对自如的地步，你会发现，要听懂饱受杂音干扰的新闻广播实在很困难。相反，对于一个能把外语说得极为流利的人而言，这些杂音充其量只是扰人罢了。识别语言和理解语言，二者密不可分。

目前，计算机无法像你我一样，先对某件事的意义建立共识，进而理解事物的意义。虽然未来的计算机无疑会具有更多智能，目前我们仍不得不先设法解决机器的语音识别能力问题，而把机器的理解力问题搁置一边。一旦把这两项任务予以分化，路该怎么走就很清楚了，我们必须把口语中的单字，变成计算机可读的命令（command）。语音识别问题有三个变数：词汇量、机器对说话者的依赖程度以及字的关联性，所谓字的关联性，是指机器能在多大程度上依照人们日常讲话中的自然强弱节奏把单字含混在一起。

我们可以把语音识别的这三个方面想象成三维立体轴。在词汇轴上，需要识别的字越少，对计算机而言就越容易。假如系统事先就知道说话的人是谁，问题就更简单了。如果说话的人能一个字一个字分开发音，计算机就听得更明白，识别起来也就更容易。在这三条轴的起始点，我们可以找到少得不能再少、完全依赖于说话者语音的词汇，念出这些词汇的时候，字与字之间必须有明——显——的——停——顿。

当我们顺着任何一条轴移动的时候，也就是说，增加计算机所能识别的词汇，让系统能够服务于任何说话者，或是容许字与字相连的程度越来越高，在这种情况下，每前进一步．都会使问题变得越来越困难。当到达三条轴的远端时，我们期望计算机能够识别任何人说的任何字，以及“印（任）何程度”的含混字。人们通常都认为，我们必须在两条或三条轴上都达到最远端时，语音识别系统才能对人类有用。这完全不对。

让我们一个一个来考虑。谈到词汇多寡的时候，我们可能会问：多少才算多呢？500 个字、5000 个字还是 50000 个字？但这个问题其实应该是：在任何时候，计算机存储器中究竟需要多少它可以识别的单字？这个问题提示我们把词汇根据上下文分成组，这样在需要的时候就可以把大群词组放进存储器中。当我要求我的计算机接听电话时，它会把信息输入我的电子电话本。当我计划到什么地方旅行时，它则把地名输入到上面。

假如你把词汇量看成在任何情况下都需要的一组字——称为“字窗”（word windows）——那么计算机只需要从一个小得多的字音库中拣字就可以了，这一字音库只要有500个字左右就够了，不需要50000个字那么多。

人们所以假设需要有能够识别各个独立讲话人的语音识别系统，是由于这种功能是过去电话公司的一项要求，电话公司的中央计算机必须能听懂每个人的话，提供一种“通用服务”。今天，计算机的普及率更高，而且更加个人化。我们在网络的外围——通过个人计算机、话筒，或经由一小块智能卡（smart card）的协助，能够完成更多的语音识别。如果我想在电话亭里和一部航空公司的计算机谈话，我可以先接通我的家用计算机或拿出我的袖珍型计算机，让它先替我把声音转换成机器看得懂的信号，然后，再和航空公司的计算机联络。

第三个问题是字音的模糊性问题。和计算机说话的时候，我们不希望像一个观光客对外国小孩说话一样，夸张地吐出每个单字，而且每念一个字，都停顿一下。因此这个轴最具挑战性。但是我们也可以把问题稍稍简化，也就是把语言看成许多字一起发出的声音，而不是许多单个字的声音。事实上，处理这种连成一片的字音，很可能正是你的计算机走向个人化的必经过程和必须接受的训练的一部分。

当我们把讲话看成一种互动的和对话的媒介时，我们离语音识别中最容易的那部分已经没有多远了。

字典里找不到的字

讲话这种媒体常常充斥着字典里找不到的字音。言谈不仅比白纸黑字更多姿多彩，而且对话中的特点，例如形体语言这样的非文字语言的运用，往往能使对话浮现额外的意义。

1978 年，我们在麻省理工学院采用了一套先进的、依赖于说话者发音的、能够识别连续语音的语音识别系统。但是就像当时和现在的许多同类系统一样，当说话者的声音中带有哪怕些微的紧张时，系统就会失误。当研究生向我们的赞助者演示这套系统时，我们希望它表现得完美无缺。结果，由于过度焦虑，做演示的研究生声音绷得紧紧的，系统也就完全失灵。

几年以后，另外一个学生想到一个绝妙的主意：找出用户说话时会在什么地方停顿，并且设定计算机程序，让计算机在适当的时候发出“啊哈”的声音。这样，当一个人和机器说话的时候，机器每隔一会儿就会发出“啊哈——”、“啊——哈”或“啊哈”。这些声音产生了极大的安抚效果（就好像机器在鼓励使用者继续对话），使用者变得比较放松，而系统的表现也突飞猛进。

这个观念体现了两点重要的意义：第一，并非所有的发音都需要有字面上的意义，在沟通中才有价值；第二，有些声音纯粹只是对话中的礼仪。当你接电话的时候，没有以适当的间隔对来话人说“嗯”，来话人会变得很紧张，而且最终会探问：“喂，你在听吗？”“啊哈”或“嗯”的意思不是“是”、“否”或“也许”，它基本上是在传达一个比特的信息：“我在这里。”

并行的表达

想象一下这样的情景：你和一群人围坐在一张桌子旁，同桌的人除了你以外都说法语。你只在中学粗粗修过一年蹩脚的法语。突然有个人转过头来对你说："还要来点儿酒吗？"你完全听懂了。接着，这个人把话锋一转，谈起法国的政治来了。除非你能说流利的法语，否则就跟听外星人讲话一样（而且即便你法文流利，也不一定能懂）。

你可能会想，"还要来点儿酒吗"是小孩都听得懂的简单法文，而政治就需要更精深的语言技巧了。不错。但这并不是两段对话的重要区别所在。

当有人问你要不要添一点酒的时候，他可能正伸长了手臂去拿酒瓶，眼睛也正注视着你的空酒杯。也就是说，你正在解码的信息并不只是声音而已，而是并行而累赘的多重信息。而且，所有的主体和客体都处于同一时空。这种种条件同时作用的结果才使你能听懂他的意思。

我要重申，累赘是件好事。并行信道（手势、眼神和谈话）的使用是人类沟通的核心。人类自然而然地倾向于使用并行的表达方式。假如你只会讲一点点意大利语，和意大利人通电话将会非常辛苦。但当你住进一家意大利旅馆，发现房间里没有香皂时，你不会拿起电话，而会直接下楼，走到前台值班员那里，拿出你在语言速成学校[2]学会的所有看家本领，让他拿香皂给你，你甚至一边说一边还会做几个洗澡的动作。

身在异地时，我们会用尽一切办法，来传达我们的意图，并且解读

---

[2] 原文为 Berlitz（伯利兹语言学校），瑞士一外语速成学校，设有函授班。

所有相关信号，力求索解出哪怕一丁点意思。计算机正是身处这样的异地——人类的土地上。

让计算机开口

要计算机说话，有两种方式：重放先前录下的声音，或合成字母、音节或（最可能的是）音素的声音。两种方式各有利弊。让计算机说话和音乐的制作一样：你可以把声音存储下来（就像 CD 一样），然后重播，也可以采用合成的方式，根据曲调，重制音乐（就像音乐家一样）。

重述先前存储的说话内容，也就回到了听起来最“自然”的口、耳沟通方式，尤其是当我们存储的是一个完整的信息时，就更显得如此。由于这个原因，大多数的电话留言都是以这种方式录制的。当你试图把录好的片段声音或个别单字拼凑起来的时候，结果就比较不尽如人意了，因为整体的韵律不见了。

过去，人们不大愿意用预录的谈话来做人机界面，因为这样会消耗计算机太多的存储容量。今天，它已经不太成问题了。

真正的问题也正是最明显的问题。你必须提前把话录下来，才能运用预录的谈话。假如你期望计算机说话的时候，不要把名字弄错，那么你就得先把那些名字存储起来。存储好的声音不能适用于随机的讲话。由于这个原因，人们使用了第二种方式——合成。

语音合成器（speech synthesizer）会根据一些规则，把一串文字的内容逐字念出来（就跟你念这句话时没什么两样）。每一种语言都有所不同，因而合成的难易度也不尽相同。

英语是最难合成的语言之一，因为我们以一种奇怪而且似乎不合逻辑的方式来书写英文（例如同音词 write、right 和 rite 以及 way、weigh 和 whey 中，有的字母发音，有的字母不发音）。其他一些语言，例如土耳其语，就容易多了。事实上，要合成土耳其语非常容易，因为基马尔（Kemal Ataturk）[3]在 1929 年把土耳其语从使用阿拉伯字母改为使用拉丁字母，这样转换的结果，使声音和字母之间形成了一一对应，每个字母都发音：没有不发音的字母或令人困惑的复合元音。因此，在单字的层次上，土耳其语简直令计算机语音合成器的美梦成真。

即使机器能够发出每一个和任何一个单字的音，还有别的问题。把合成的字音集合起来，在词组或句子的层次上，加上整体的节奏和语气，是非常困难的事情。然而这样做非常重要，不仅能让计算机说的话好听，而且还能根据说话的内容和意图表现出不同的色彩、表情和语调。否则，计算机发出来的声音就好像醉酒的瑞典人在喃喃自语一样单调得让人倒胃口。

我们现在开始看到（听到）有些系统正把语音合成和声音存储两种方式结合在一起，随着数字化越来越普遍，最终的解决方案将是两者合一。

小型化的趋势

在下一个千年里，我们会发现我们和机器说的话，与我们和人类说

[3] 基马尔（1881—1938），土耳其共和国缔造者，第一任总统，人称“土耳其之父”。

的话一样多，或甚至比跟人类说的话还要多。和没有生命的物体说话时，人们最感困扰的似乎是自我意识问题。我们跟狗和金丝雀讲话的时候，觉得非常自在，但是和门把手或灯柱说话，就会觉得怪怪的（除非你烂醉如泥）。难道我和烤箱说话的时候会不觉得傻乎乎吗？大概跟对着电话应答机讲话半斤八两吧。

小型化（miniaturization）的趋势将使今天的语音输入比过去更遍及于每一个角落。计算机正变得越来越小，昨天还占据了整个房间的计算机设备，今天已出现在你的桌面上，明天你更可以把袖珍型计算机戴在手腕上。

许多桌上型计算机用户都不能充分认识过去 10 年来计算机体积的缩小幅度，原因是计算机体积的变化包含不同的方面，例如键盘的尺寸仍然尽可能保持不变，而显示器反而变大了。因此，今天桌上型计算机的整体大小仍和 15 年前的苹果 II 型机不相上下。

如果你已有很长时间未曾使用调制解调器，调制解调器大小的变化更足以说明真正的变化有多大。不到 15 年以前，一个速率 1200 波特的调制解调器（价格约 1000 美元）几乎像一个侧躺的烤箱一样大。当时，速率 9600 波特的调制解调器就像一个放在架子上的大铁笼子一样。然而到了今天，你可以在一块智能卡上找到速率为 19200 波特的调制解调器。即使已经把调制解调器做成信用卡般大小，我们仍然有许多空间没有好好利用，现在的设计有相当部分纯粹是为了外型的缘故（为了填满插口，或是大得让我们能握住，而不会随便弄丢）。我们之所以没有把像调制解调器这样的东西装在“大头针头”上，主要不是技术上的原因，而是因为我们很容易把大头针随手乱放，再找起来很困难。

一旦挣脱了手指张开幅度的束缚（手指张开的幅度决定了一个舒适合用的键盘的形状和大小），计算机的大小就会更多地受到衣兜、钱夹、手表、圆珠笔和其他类似物品的体积的影响。在这种种形式中，信用卡很接近我们想要的最小尺寸，显示器很小，因此图形用户界面变得没有多少意义了。

笔形的系统很可能被视为笨拙的过渡期工具，既太大，又太小。按钮式的设计也不理想。看看你的电视机和录像机遥控器，你就会明白按钮的局限所在：按钮式装置完全是为手指纤细、眼力极佳的年轻人设计的。

由于以上种种原因，小型化的趋势必然会推动语音制造和语音识别技术的提高，并促使语音识别成为附在小型物体上的计算机的占支配地位的人机界面。实际的语音识别系统不需要一定装在袖扣和表链中。小型装备可以通过通信而提供帮助。关键在于，小型化了以后，就必须靠声音驱动。

打电话，传心曲

很多年以前，霍尔马克卡片公司（Hallmark cards）开发部的主任告诉我，他们公司主要的竞争对手是 AT&T。“打电话，传心曲”（reach out and touch someone）的广告词说的是，透过声音，传达感情。声音的渠道不仅传递了信号，同时也传递了所有伴之而来的理解、深思、同情或宽容。我们会说，某人“听上去”很诚实，这个论点“听起来”不怎么可靠或某件事“听起来”不像那么回事。声音中潜藏了能唤起感觉的信息。

同“打电话、传心曲”一样，我们会发现我们也将能通过声音把我们的希望传达给机器。有些人会表现得像教官一样来教导他们的计算机，另一些人则会用理性的声音。说话和授权密不可分。你会不会对七个小矮人[4]发号施令呢？

有可能的。20 年后，你可能对着桌上一群八英寸高的全息式助理说话。这种预想一点也不牵强。可以肯定的是，声音将会成为你和你的界面代理人之间最主要的沟通渠道。

[4] 著名童话《白雪公主》中的人物。

6. 少就是多

老练的英国管家

1980 年 12 月，魏思纳和我在鹿内信隆（Nobutaka Shikanai，《产经新闻》、富士电视台前会长）可爱的乡间别墅做客。别墅位于日本的箱根（Hakone）地区，离富士山（Mount Fuji）不远。我们深信，参与媒体实验室的创建将使鹿内先生的报纸和电视传媒王国获益良多，因此他会乐于资助媒体实验室的创办。我们更进而相信，鹿内先生个人对现代艺术的兴趣，将和我们试图融合科技与艺术表现、把新发明与对新媒体的创造性应用结合在一起的梦想不谋而合。

晚餐前，我们一边散步，一边欣赏鹿内先生著名的户外艺术收藏，这里在白天是箱根露天美术馆。当我们与鹿内夫妇一起共进晚餐时，鹿内先生的私人男秘书也在一旁陪同。鹿内先生对英文一窍不通，他的秘书却能说一口漂亮的英语，在我们的沟通中担任重要的角色。魏思纳先打开话头，说他对卡尔德（Alexander Calder）[1]的作品很有兴趣，然后介绍了麻省理工学院和他自己与这位大艺术家的渊源。秘书听完整个故事后，再从头到尾用日文翻译一遍，鹿内先生仔细聆听。最后，鹿内先生沉吟片刻，然后抬起头来，看着我们，好像幕府将军一样发出“哦——”的声音。

秘书于是翻译道：“鹿内先生说，他也很欣赏卡尔德的作品，他最近买到的作品是在……”且慢，鹿内先生说过这些话吗？

整个晚餐中，这样的情形一再出现。魏思纳先说几句话，秘书把它全部译成日文，鹿内先生的回答差不多都是千篇一律的“哦哦——”，但秘书却有办法译出一大堆解释来。那天晚上，我告诉我自己，假如我要制造一部个人计算机，它一定要跟鹿内先生的秘书一样能干。它必须具有能细致入微地了解我和我身边环境的功能，能够自动引申或压缩信号，因此大多数场合，我反而成为多余的了。

关于人机界面，我所能想到的最好的比喻就是老练的英国管家。这位“代理人”能接电话，识别来话人，在适当的时候才来打扰你，甚至能替你编造善意的谎言。这位代理人在掌握时间上是一把好手，善于把时机拿捏得恰到好处，而且懂得尊重你的癖好。认识这位管家的人比一位全然的生客多占了许多便宜。这真是不错。

---

[1] 卡尔德（1898—1976），美国雕塑家，首创活动雕塑，其作品用机器或气流驱动，形象不断变更，代表作有《运动》、《鲸》等。

爱因斯坦都帮不上忙

能够享受到这种人性化代理人服务的人寥寥无几。我们平日更常见到的一种类似角色是办公室的秘书。假如秘书很了解你和你的工作，他就能非常有效地充当你的代表。假如有一天秘书生病了，临时工介绍所即使把爱因斯坦派来，也会于事无补。因为重要的不在于智商，而在于彼此之间有没有共识，以及当秘书运用这种共识时，能不能为你的最佳利益着想。

一直到最近，使计算机具备这样的功能仍是遥不可及的梦想，因此许多人并没有把这个概念当成一回事。但是，情势瞬息万变。现在，有不少人认为这样的“界面代理人”是可行的构想。因此，过去问者寥寥的“智能型代理人”构想现在摇身一变，成为计算机界面设计领域最时髦的研究课题。很显然，人们希望委托计算机来执行更多的功能，不想事事都亲自操作。

我们的构想是设计一个知识丰富的界面代理，它不仅了解事物（某件事情的流程、某个感兴趣的领域、某种做事的方式），而且了解你和事物的关系（你的品位、倾向，以及你有哪些熟人）。也就是说，这部计算机应该有双重特长，就像厨师、园丁和司机会运用他们的技能来迎合你在食物、园艺和驾驶方面的品味和需求一样。当你把这些工作交由别人执行时，并不表明你不喜欢烹饪、园艺或开车，而是表明你可以选择在你想做的时候做这些事情，并且，这是因为你想做，而不是不得不做。

我们和计算机之间的关系亦是如此。我实在没有兴趣在上网之后先进入一个系统，再通过一堆通信协议，才能找到你的互联网络地址（address）。我只想把信息传递给你。同样地，我不希望只为了确认没有错过什么重要信息，就被迫阅读几千个电子公告牌（bulletin board）。我希望让我的界面代理为我代劳。

会有许多数字化管家，他们有些住在网上，有些就在你身边，还存在于组织的中央系统和外围设备中（无论组织是大是小）。

我跟别人讲过，我有一台心爱的智能型寻呼机。它能用完美无缺的英语句子适时地给我传递重要的信息，简直聪明极了。我的办法是，只让一个人拥有寻呼机的号码，所有的信息都通过他来传递，只有他才知道我在哪里、哪些事情比较重要，以及我认识哪些人（和他们的代理人）。智慧来自系统的数据转发器（head end）而不是外围，也不在寻呼机身上。

但是，接收端也应该具有智慧。最近，一个大公司的首席执行官和他的助理来访。这位助理带着老板的寻呼机，他会在最适当的时机，提醒老板一些急事。这位助理这种老练的、懂得把握时机和慎谋善断的本事，将来都会设计到寻呼机的功能中。

《我的日报》

想象一下，假若电子报纸能以比特的形式传送到你的家中，假设这些比特都传送到一个神奇的、像纸一样薄的、有弹性的、防水的、无线的、轻巧明亮的显示器上。要想为这份报纸设计界面，可能需要借助人类多年在制作标题、设计版面上的经验、印刷上的突破、图像处理上的经验及其他许多技术，来帮助读者浏览阅读。做得好的话，它可能会成为一种伟大的新闻媒体；做得不好的话，就会惨不忍睹。

我们可以从另外一个角度来看一份报纸，那就是把它看成一个新闻的界面。数字化的生活将改变新闻选择的经济模式，你不必再阅读别人心目中的新闻和别人认为值得占据版面的消息，你的兴趣将扮演更重要的角色。过去因为顾虑大众需求而弃之不用、排不上版面的文章，现在都能够为你所用。

想想看，未来的界面代理人可以阅读地球上每一种报纸、每一家通信社的消息，掌握所有广播电视的内容，然后把资料组合成个人化的摘要。这种报纸每天只制作一个独一无二的版本。

事实上，我们在周一早上读报的方式和周日下午截然不同。在工作日里，早上 7 点钟浏览报纸只是过滤信息，从传送给成千上万人的共同比特中，撷取符合个人需要的部分。大多数人对整版整版的报纸，会看也不看一眼就丢进垃圾桶，对剩下的一些版面稍作浏览，真正细看的部分寥寥无几。

假如有家报业公司愿意让所有采编人员都照你的吩咐来编一份报纸，又会是什么情景呢？这份报纸将综合要闻和一些"不那么重要"的消息，这些消息可能和你认识的人或你明天要见的人有关，或是关于你即将要去和刚刚离开的地方，也可能报道你熟悉的公司。在这种情况下，假如你确信《波士顿环球报》（*The Boston Globe*）能提供正好符合你需要的信息，你可能愿意出比 100 页的《波士顿环球报》高得多的价钱，来买一份只有 10 页、但专门为你编辑的《波士顿环球报》。你会消耗其中每一个比特。你可以称它为《我的日报》（*The DaiLy Me*）。

但是，到了星期天下午，我们希望以比较平和的心情来看报纸，了解一些我们从来不知道自己会感兴趣的事情，玩玩填字的游戏，看看好笑的漫画，顺便找找大减价的广告。这可以称为《我们的日报》（*The Daily Us*）。在一个阴雨绵绵的星期天午后，你最不希望看到的，就是有个紧张兮兮的界面代理拼命想帮你去掉看似不相干的信息。

这并不是非黑即白的两种截然相反的状态。我们往往在这两极之间游走，我们会根据手头有多少时间、这是一天中的哪个时刻，以及我们的心情，希望获得较少或更多的个人化信息。设想一个报道新闻的计算机显示器上面有个旋钮，你可以像调节音量一样，调整新闻内容个人化的高低程度。你可以有许多不同的控制钮，包括一个可以左右滑动的钮，让你在阅读有关公共事务的报道时，可以调整报道的政治立场（偏左或偏右）。

如此一来，这些控制钮就改变了你观看新闻的视窗，视窗的大小及其表现新闻的风格都将发生变化。在遥远的将来，界面代理将阅读、聆听、观看每则新闻的全貌。而在不久的将来，这种过滤的过程将借助于信息标题（也就是关于比特的比特）来完成。

值得信赖的数字化亲戚

在美国，《电视导报周刊》（*TV Guide*）的利润居然超过所有四家电视网利润的总和。它所代表的意义是，关于信息的信息，其价值可以高于信息本身。当我们考虑新的信息发送方式时，我们的思维总是拘泥于“随意浏览信息”和“来回转换频道”这样的观念，这些观念现在行不通了。当我们有 1000 个频道的时候，假如你从一个台跳到另一个台，每个台只停留 3 秒钟，你就几乎要花 1 个钟头的时间，才能把所有频道从头到尾扫一遍。还没等你判断出哪个节目最有趣，节目早就播完了。

当我想出去看场电影时，我不是靠读影评来选片，而是问我弟媳的意见。我们都有像这样的亲戚朋友，他们对电影很内行，同时也很了解我们。我们现在需要的就是一位数字化的亲戚。

事实上，这种体现为人帮人的“代理人”观念，常把专业知识与对你的了解揉合在一起。好的旅行代理人会将其对饭店、餐厅的了解和对你的了解结合起来（线索通常来自你对其他饭店和餐厅的观感）。房地产代理人会从一系列或多或少能够满足你口味的房子中，推测出你喜欢的家居模式。现在，来想象一下电话应答代理人、新闻代理人或电子邮件管理人吧！他们的共同点都是能够模仿你做事的方式。

这不只是填一份调查问卷或对你有一个固定把握那么简单。界面代理人也必须像人类的朋友和助理一样，不断学习和成长。这也是说起来容易，做起来难的事情。直到最近，我们才稍稍了解，应该如何让计算机模型学习有关人的事情。

当我谈到界面代理人时，经常有人问我：“你指的是人工智能（Artificial Intelligence，AI）吗？”答案是“没错”。但是这个问题中夹杂着些微的怀疑，主要是因为过去人工智能给人们许多虚无的希望和过高的承诺。此外，很多人对机器能够拥有智慧这样的观念，仍然深感不安。

大家公认阿伦·图宁（Alan Turing）在他 1950 年发表的论文《计

算机器与智能》（*Computeer Machinery and Intelligence*）中首次认真地提出机器智能这个概念。后来，马文·明斯基等先驱继续在纯粹人工智能的研究上进行深入的探讨。他们向自己提出许多问题，诸如如何识别文本、了解情绪、欣赏幽默，以及从一组隐喻推出另一组隐喻。比如在O，T，T，F，F 这一连串英文字母之后，根据内在逻辑，应该接哪些字母？

1975 年左右，当计算资源开始有能力解决直觉问题，并且表现出智能行为时，人工智能的研究却滑向低谷。当时的科学家选择研究机器人技术（robotics）和专家系统（expert system）[2]（例如证券交易和民航订位系统）这样的容易做到、而且有市场的应用技术，因此更深奥而根本的人工智能与学习问题，反而无人问津。

明斯基很快指出，即便今天的计算机已经能异常出色地掌握班机订位状况（一件差不多越出逻辑系统以外的事情），它们仍然无法表现出一个三四岁的小孩就具备的常识。它们讲不出猫和狗有什么分别。像常识这样的课题，如今已经从科学研究的后台走到了舞台中央。这一点非常重要，因为毫无常识的界面代理人会让你感觉有如芒刺在背。

顺便提一下，前面提到的那个接字母的问题，答案应该是 S，S。这个顺序来自英文数字排列 one（一）、two（二）、three（三）、four（四）、five（五）、six（六）、seven（七）……中每个词的第一个字母（O，T，T，F，F，S，S）。

---

[2] 人工智能中的一种系统，对属于某一特定应用的信息进行处理并按照一种类似于人（在该领域的专家）的方式完成各种功能。

从集权到分权

许多人往往把未来的界面代理人看成小说家乔治·奥威尔（George Orwell）[3]笔下中央集权、无所不知的机器。其实，更可能出现的是许多计算机程序和个人化工具的组合，每一种工具都善于做某一类事情并善于与其他程序沟通。这个形象是明斯基 1987 年出版的《心智的社会》（*The Society of Mind*）一书的摹本。他在这本书中指出，智能并非存在于中央处理器中，而是在许多具有专门用途、彼此紧密联结的机器的集体行为中产生的。

这个观点打破了许多过去的成见。米切尔·瑞斯尼克（Mitchel Resnick）在他 1994 年出版的著作《乌龟、白蚁和交通阻塞》（*Turtles, Termites, and Traffic Jams*）中把这种成见称为"集权心态"。我们受到的强化训练，使我们常把复杂现象归因于某种作用体的一手操纵。比如我们通常都认为"人"字形的鸟群中最前面的那只是头鸟，其余的鸟只是追随领袖而已。事实并非如此。秩序所以形成，是鸟群彼此高度回应的个别行为而产生的集体结果。鸟群只不过遵循了简单的和谐规则，并没有任何一只鸟在中间指挥大局。为了说明他的观点，瑞斯尼克还创造了一些情境，让许多人惊讶地发现自己也陷入了同样的过程之中。

最近我在麻省理工学院的大礼堂中，亲身体验了瑞斯尼克的示范说明。在场的听众大约有 1200 人。瑞斯尼克要求大家开始鼓掌，而且掌声尽量协调一致。结果，在瑞斯尼克完全没有指挥的情况下，不到 2

---

[3] 奥威尔（1903—1950），英国小说家，主要作品有反面乌托邦政治讽刺小说《动物庄园》和《一九八四》，抨击中央集权。

秒钟，整个礼堂中就充满了节奏一致的鼓掌声。你不妨自己试试看，即使在人数少得多的情况下，结果仍然令人目瞪口呆。观众错愕的反应说明，我们对于从独立个体的行动中所产生的协调性的认识是多么肤浅。

这并不是说，为你安排日程的代理人因此无须和你的旅行代理人协商，就径自安排会议的日程。而是，不是所有的信息往来和决定都需要中央权威的批示，这种方式或许不适合民航订位系统，但却越来越被视为一种可行的管理组织和政府的方法。一个结构内部相互沟通、权力分散的程度越高，它的适应力和存活力也就越强，也必然能更加持续地生存与发展。

长时间以来，分权（decentralism）的观念倍受称道，但是实际去做的时候，却寸步难行。互联网络提供了全球性的交流通道，可以不受任何新闻检查的钳制，因此特别盛行于像新加坡这种新闻自由很少而网络却无所不在的地方。

界面代理人也会像信息和组织一样，逐步迈向分权式的结构。就像军队指挥官派侦察员出去探路或县治安官派出一队保安一样，你也会派遣代理人为你收集信息。代理人会再指派代理人。如此层层推演。但别忘了这个过程是怎么开始的：你把你的要求委托界面来完成，而不是自己一头扎进环球网（World Wide Web）[4]中东找西找。

这种未来的模式与加进人性因素的界面设计截然不同。界面的外观和给人的感觉固然重要，但与智能相比就微不足道了。事实上，未来最通行的界面形式将会是塑料或金属上的一个或两个小孔，里面有一个小

[4] 互联网络上超媒体的信息系统，由于其界面容易操作，现在全球各地有数百万名使用者。

麦克风来接收你的声音。

还有很重要的一点，就是要认清界面代理人的构想和目前大众对互联网络的狂热以及用 Mosaic 浏览互联网络的方式之间存在着很大的不同。网络黑客（hacker）[5]可以在这种新媒体上冲浪、探索知识的海洋、沉溺于各种各样崭新的社交方式。这种环球同此凉热的互联网络发烧现象不会减轻或消退，但它只是行为的一种而已，更像在直接操纵，而不是授权代理。

我们的界面却将会出现形形色色的种类。由于大家各有不同的信息偏好、娱乐习惯和社会行为，你的界面会有别于我的界面。大家在巨大的数字生活调色板上，各取所需。

[5] 非常沉迷于计算机世界的用户或程序设计高手，喜欢深入研究计算机或网络的各部分如何运作。有时指喜欢捣乱的编程高手，可能会侵入别人的计算机。

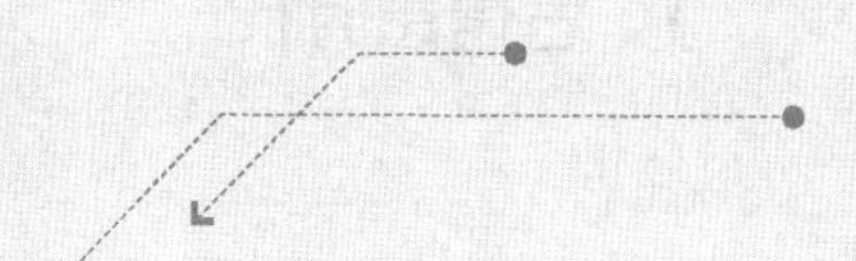

Part 3

数字化生活

b e i n g   d i g i t a l

1. 后信息时代

我就是我

长期以来，大家都热衷于讨论从工业时代到后工业时代或信息时代的转变，以致一直没有注意到我们已经进入了后信息时代（post information age）。

工业时代可以说是原子的时代，它给我们带来了机器化大生产的观念，以及在任何一个特定的时间和地点以统一的标准化方式重复生产的经济形态。信息时代，也就是计算机时代，显现了相同的经济规模，但时间和空间与经济的相关性减弱了。无论何时何地，人们都能制造比特，例如，我们可以在纽约、伦敦和东京的股市之间传输比特，仿佛它们是三台近在咫尺的机床一样。

信息时代中，大众传媒的覆盖面一方面变得越来越大，另一方面又变得越来越小。像有线电视新闻网、《今日美国报》（*USA Today*）这种新形态的传播媒介拥有更广大的观众和读者，其传播的辐射面变得更为宽广。针对特定读者群的杂志、录像带的销售和有线电视服务则是窄播的例子，所迎合的是特定的较小人群的口味。所以大众传媒在这段时间内变得既大又小。

在后信息时代中，大众传播的受众往往只是单独一人。所有商品都可以订购，信息变得极端个人化。人们普遍认为，个人化是窄播的延伸，其受众从大众到较小和更小的群体，最后终于只针对个人。当传媒掌握了我的地址、婚姻状况、年龄、收入、驾驶的汽车品牌、购物习惯、饮酒嗜好和纳税状况时，它也就掌握了“我”——人口统计学中的一个单位。

这种推理完全忽略了窄播和数字化之间的差异。在数字化生存的情况下，我就是“我”，不是人口统计学中的一个“子集”（subset）。

“我”包含了一些在人口学或统计学上不具丝毫意义的信息和事件。你无法从我的岳母住在哪里、昨晚我和谁共进晚餐，以及今天下午我要搭乘几点的班机到弗吉尼亚州的里士满去这类事情中，找出关联性或统计学上的意义，并且从中发展出适当的窄播服务。

但是，这些与我有关的信息却决定着我想要的新闻服务可能和某个不知名的小镇或某个没什么名气的人有关，而且我也想知道（今天）弗吉尼亚州的天气状况如何。古典人口统计学不会关注数字化的个人，假如你把后信息时代看成超微的人口统计学或高度集中化的窄播，那么这种个人化和汉堡王（Burger King）广告词中所标榜的“按你喜欢的方式享受汉堡”（Have It Your Way）没什么两样。

真正的个人化时代已经来临了。这回我们谈的不只是要选什么汉堡佐料那么简单，在后信息时代里机器与人就好比人与人之间因经年累月而熟识一样：机器对人的了解程度和人与人之间的默契不相上下，它甚至连你的一些怪癖（比如总是穿蓝色条纹的衬衫）以及生命中的偶发事件，都能了如指掌。

举个例子，你的计算机会根据酒店代理人所提供的信息，提醒你注意某种葡萄酒[1]或啤酒正在大减价，而明天晚上要来做客的朋友上次来的时候，很喜欢喝这种酒。计算机也会提醒你，出门的时候，顺道在修车厂停一下，因为车子的信号系统显示该换新轮胎了。计算机也会为你剪下有关一家新餐馆的评论，因为你 10 天以后就要去餐馆所在的那个城市，而且你过去似乎很赞同写这篇报道的这位美食评论家的意见。计算机所有这些行动的根据，都是把你当成“个人”，而不是把你当成可能购买某种牌子的浴液或牙膏的群体中的一分子。

没有空间的地方

后信息时代将消除地理的限制，就好像“超文本”挣脱了印刷篇幅的限制一样。数字化的生活将越来越不需要仰赖特定的时间和地点，现在甚至连传送“地点”都开始有了实现的可能。

假如我从我波士顿起居室的电子窗口（计算机屏幕）一眼望出去，

[1] 原文为 Chardonnay（夏敦埃酒），法国出产的一种无甜味白葡萄酒。

能看到阿尔卑斯山（Alps）[2]，听到牛铃声，闻到（数字化的）夏日牛粪味儿，那么在某种意义上我几乎已经身在瑞士了。假如我不是驾驶着原子（构成的汽车）进城上班，而是直接从家里进入办公室的电脑，以电子形式办公，那么，我确切的办公地点到底在哪儿呢？

将来，休斯敦（Houston）的医生将可以通过电信和虚拟现实的技术，为远在阿拉斯加（Alaska）的病人做精细的手术。尽管在近期内，脑外科手术仍需要医生和病人在同时同地才能进行；但是，脑力劳动者的许多活动，由于较少时空的依附性，将能更快地超越地理的限制。

今天，许多作家和理财专家发现到南太平洋或加勒比海的小岛上写稿或理财不仅可行而且更有吸引力。但是，像日本这样的一些国家却要花更长的时间，才能摆脱对时空的依赖，原因是本土文化抗拒这种趋势。举个例子，日本之所以不肯实行夏时制的主要原因之一是，那里的上班族一定要“天黑”以后才能下班回家，而且普通工作人员一定要上班比老板早来，下班比老板晚走。在后信息时代中，由于工作和生活可以是在一个或多个地点，于是“地址”的概念也就有了崭新的含义。

当你在美国联机公司、计算机服务公司或奇迹公司开户的时候，你知道自己的电子邮件地址是什么，但不知道它实际的位置在哪里。如果你享受的是美国联机公司的服务，则你的互联网络地址是你的标识符（ID）再加上@aol.com——这个地址可以通行于世界各地。你不知道@aol.com 究竟在何处，而且传送信息到这个地址的人也不知道这个地址在哪里，或你现在人究竟在哪里。这个地址不像街道坐标，反而更像

[2] 位于欧洲中南部，西起法国尼斯，经瑞士南部、意大利北部，东到奥地利的维也纳。

社会保险号码。它是个虚拟的地址。

就我来说，我碰巧知道自己的电子邮件地址@hq.media.mit.edu 的实际位置。那是一部已经用了 10 年之久的惠普 Unix[3]机，就放在离我办公室不远的小房间里。但是，当人们发送信息给我的时候，他们写给我而不是给那个房间。他们可能推测我人在波士顿（通常都并非如此）。事实上，我经常与他们不在同一时区，因此不光空间改变，连时间也改变了。

非同步的交流方式

面对面的谈话或两人在电话上的交谈都是实时的同步的交流。我们做“电话迷藏”（telephone tag）[4]的游戏也是为了要找到同步沟通的机会。具有讽刺意味的是，我们这么做往往是为了彼此交流意见，但实际上意见的交换完全不需要同步进行，采用非实时的信息传递方式，其效果毫不逊色。从历史上看，非同步的交流方式，例如写信，倾向于采取一种比较正式的、无法即兴发挥的形式。但是，随着语音邮件（voice mail）和电话应答机（answering machine）的出现，情况已经大为改观。

有些人声称，他们简直无法想象他们（而且我们所有的人）过去家

---

[3] Unix 是一种多任务多用户操作系统，由斯坦福大学的一种计算机操作系统发展而成。

[4] 当电话通话量增多时，常发生要找的人正在打电话，因此其电话占线，或受话人临时离开座位，以致发话人总是找不到受话人等种种现象，统称为“电话迷藏”。

中没有电话应答机、办公室也没有语音邮件的时候，日子是怎么过的。应答机和语音邮件的好处不在于录音，而在于离线的信息处理（off-line processing）和时间的转换（time shifting）。你可以留下口信，而不是非要在线上对话不可。事实上，电话应答机的设计有点落伍，它不应该只在你不在家或你不想接电话时才发挥作用，而是应该随时都能为你接听电话，让打来电话的人可以选择只留口信而不必直接通话。

电子邮递所以有如此巨大的吸引力，原因之一是它不像电话那么扰人。你可以在空闲的时候再处理电子邮件，因此，你现在可能会亲自处理一些过去在靠电话办公的公司里永远通不过秘书这一关的信息。

电子邮件获得空前的流行，因为它既是非同步传输，又能让计算机看得懂。后者尤其重要，因为界面代理人可以运用这些比特来排定信息的优先次序，并以不同的方式来发送这些信息。发出信息的人是谁以及信息的内容是什么，都会决定你看到的信息的次序，就好像公司里为你筛选电话信息的秘书会让你 6 岁的女儿直接和你通话，而让某个公司的首席执行官在电话线上等着。即使在工作忙碌的时候，私人的电子邮件仍然可能在成堆的待复邮件中排在优先的位置。

我们的日常通信很多都不需要同步进行或实时处理。我们经常受到干扰，或被迫准时处理一些并不真的那么紧急的事情。我们遵守有规律的生活节奏，不是因为我们总是在 8 点 59 分结束晚餐，而是因为电视节目再过 1 分钟就要开始了。将来我们的曾孙可以理解为什么我们要在某个特定的时间，到剧院去欣赏演员的集体表演，但他们将无法理解我们在自己家中也非要同步收视电视信号的经验，除非他们能透视这种经验背后古怪的经济模式。

随选信息的天下

在数字化的生活中，实时广播将变得很少见。当电视和广播也数字化之后，我们不但能轻易转换比特的时间，而且也不需要再依照我们消费比特的次序和速率来接收比特。比如，我们可以在不到 1 秒钟的时间里，利用光纤传送 1 小时的视频信号（有些实验显示，传送 1 小时 VHS 品质的视频信号可能只需要 1%秒的瞬间）。换一种方式，如果我们采用的是细电线或窄频无线电，我们可能就要花 6 个小时来传送 10 分钟的个人化新闻节目。前者把比特一举发射到你的计算机之中，后者则是涓涓细流。

可能除了体育比赛和选举等少数例外之外，科技的发展方向是未来的电视和广播信号都将采用非同步传输的方式，不是变成点播式的，就是利用“广捕”（broadcatching）方式。“广捕”这个词是 1987 年斯图尔特·布兰德（Stewart Brand）在他那本关于媒体实验室的书中提出的。“广捕”指的是比特流的放送。通常是把一串携带了庞大信息的比特放送到空中或导入光纤。接收端的计算机捕捉到这些比特，检验它们，然后丢弃其中的大部分，只留下少数它认为你可能以后会用得着的比特。

未来的数字化生活将会是“随选信息”（on-demand information）的天下。当我们需要某种信息的时候，我们可以直截了当地要求，或含蓄地暗示，因此靠广告商支持的电视节目制作需要一番全然不同的新思考。

1983 年，当我们在麻省理工学院开始创办媒体实验室时，人们觉得“媒体”是个贬义词，是一条通往最低层次的美国大众文化的单行线。

如果媒体（media）这个词的第一个字母大写时，它（Media）几乎就等同于大众传媒（mass media）。拥有广大的受众会带来大笔的广告收入，用来支付庞大的节目制作费用。无线的广播电视媒体更进一步确立了广告的正当性，因为频谱是公众资产，信息和娱乐就应该“免费”为观众所享有。

向广告说再见

另外，杂志采用的是私人发行网络，成本由广告商和读者共同分担。作为显然是非同步传输信息的媒体，杂志提供了宽泛得多的经济和人口统计学模式，而且事实上可能为电视的未来扮演先导的角色。在读者定位较窄的市场中繁衍成长并不一定会损害内容，而且杂志还把一部分的成本负担转嫁到读者身上。有些专业杂志根本就没有广告。

未来的数字化媒体会更经常地采用论次计费的方式，而不只是建立在要么什么都有、要么什么也没有的基础上，它会更像报纸和杂志一样，由消费者和广告商一起分担成本。在某些情况下，消费者可以选择接收不含广告的材料，只是得掏更多的钱。在另外一些情况下，广告则变得非常个人化，以致我们几乎分辨不清什么是新闻，什么是广告了。这时，我们可以说，广告就是新闻。

今天，媒体的经济模式几乎都是把信息和娱乐大力“推”到公众面前，明天的媒体则会同样或者更多地注重于“拉”力：你和我都入了网，可以像在图书馆或录像带出租点一样，找出我们想要的资料。我们可以直接提出要求，或是由界面代理人替我们提出来。

这种没有广告的随选模式将把节目内容的制作变得好像具有丰富声响和画面效果，风险更大，而回报也更丰厚，经常会出现大起大落。如果你成功了，金钱就会滚滚而来。如果钱来了，那太棒了；如果失败了，真糟糕，但是这回风险不见得会由宝洁公司（Procter&Gamble）这样的广告商来担。因此，明天的媒体公司将会比今天投下更大的赌注，同时一些小公司会投下比较小的赌注，分得一部分的观众份额。

未来的黄金时段（prime time）将不再因为代表了人口统计学上一群潜在的豪华汽车或洗涤灵购买者而占尽风光。是不是黄金时段，完全取决于我们眼中所见的品质。

2. 黄金时段就是我的时段

供出租的比特

许多人认为“视频点播”将作为新技术的一种极其成功的应用而为信息高速公路提供资金的支持。他们的推理是：假设一家录像带出租点拥有 4000 盘带子，它发现其中 5%的带子的出租率占了所有出租带的 60%。这 5%的带子很可能是刚发行的新片，假如它拥有更多这些带子的拷贝，出租率可能还会更高。

研究了录像带出租的这些特点后，我们很容易得出一个结论：电子视频点播系统应该只提供最受欢迎的 5%的影片，其中主要是新片。这样做不但会很方便，而且还可以为在某些人眼中尚在实验阶段的这种形式提供具体而有说服力的证据。

否则，我们要花太多的时间和金钱，来将（假定说）到 1990 年为止美国拍摄的所有电影数字化。假如要将美国国会图书馆中珍藏的 250000 部影片全部数字化，需要的时间就更多了，至于欧洲的电影、印度拍摄的成千上万部电影，或者墨西哥电视台每年制作的 12000 小时的电视剧，就根本不用考虑了。问题依然是：我们大多数人真的只想观赏最受欢迎的那 5%的影片吗？还是，这只是传播原子的旧科技所带来的群体现象？

1994 年，布罗克巴斯特公司（Blockbuster）凭借其雄厚的企业基础大肆扩充，新开了 600 家录像带出租点（扩充面积总计达 500 万平方英尺）。创办人韦恩·惠詹加（H. Wayne Huizenga）宣称 8700 万户美国家庭在过去 15 年中在录像机上的投资达 300 亿美元，好莱坞为卖给他录像带而下了大赌注，不敢再签订视频点播协议了。

我不知道你怎么想，但是只要有好一点的选择，明天我就会扔掉我的录像机。对我来说使用录像机就好比要携带（和归还）一大堆原子，怎么比得上不用归还、不用付押金的比特呢？尽管我很敬佩布罗克巴斯特公司和它的新业主维康公司，我还是认为不出 10 年，录像带出租业就会销声匿迹。

惠詹加的论点是，按次计费的电视（pay-per-view television）显然没能行得通；那么视频点播凭什么会成功呢？但是出租录像带采取的正是论次计费的方式。事实上，布罗克巴斯特的成功，恰好证明了按次计费的方式是行得通的。目前，租借录像带和视频点播的唯一差别在于，要浏览商店里出租的原子，毕竟还是比浏览比特的菜单容易多了。但是，情况正在迅速改变。富于想象力的、以代理人为基础的系统将会使电子浏览器变得更迷人，到那个时候，视频点播将不会像布罗克巴斯特连锁店那样受限于几千种选择，而将提供可以说是无限的选择。

“无论何事、何时、何地”的电视

全球电话业最资深的几位经理人员把“无论何事、无论何时、无论何地”（Anything，anytime，anywhere）这句话念得朗朗上口，好像是一首歌颂现代社会的流动性的诗歌一般。但我的目标（我想你的目标大概也会如此）是，除非是适时的、重要的、有趣的、相关的或者能激发我的想象力的事情，否则的话我宁可“没有任何事情，永远也不会，不在任何地方”（Nothing，never，nowhere）。作为电信的范式，“无论何事、无论何时，无论何地”的口号已经陈腐不堪，但是用它来思考电视的新境界，却很不错。

15000 个电视频道

当我们听到 1000 个电视频道的说法时，我们很容易忘记，即使没有卫星，我们每天在家里也已经可以接收到 1000 多个电视节目。这些节目 24 小时连续播放，包括在一些很奇怪的钟点也一样播放。假如我们把《卫星电视周刊》（*Satellite TV Week*）上面列的 150 多个电视频道也包括在内的话，我们一天可以收看到的节目又多了 2700 个或更多。

假如你的电视能把每个节目都录下来的话，你所获得的选择就已经 5 倍于大多数人心目中信息高速公路所能提供的数目。假定说，你不保留所有的节目，而让你的电视代理人挑出其中一两种你可能感兴趣的节目，录下来供你以后随时欣赏。

现在，让我们把“无论何事、无论何时、无论何地”的电视扩展为一个拥有15000个电视频道的全球构架，这时我们会发现电视在数量和质量上都发生了有趣的变化。有些美国人可能会收看西班牙电视来提高他们的西班牙语水平，其他人可能会收看瑞士有线电视第11频道上未加剪辑的德国成人节目（在纽约时间下午5点播出），而200万希腊裔美国人可能会很有兴趣地观看希腊3家全国性电视台或7个地区性频道的节目。

或许，更有趣的是，英国人每年会花75小时转播国际象棋冠军争夺赛，而法国人则会花80小时收看环法自行车大赛。美国的棋迷和自行车迷自然也会乐于观赏这类节目——无论何时，无论何地。

假如我正打算造访土耳其的西南海岸，我可能没法找到一部关于博德鲁姆（Bodrum）这个地方的纪录片，但是我可以从《国家地理杂志》、美国公共广播公司（Public Broadcasting Service，PBS）、英国广播公司（British Broadcasting Corporation，BBC）和其他几百种资料来源中，找到有关建造木船、晚间捕鱼、海底古迹、东方地毯等的影片片断或图片。我可以把这些片断组合起来，编辑成一个恰好适合我的特殊需要的片子。这个片子不太可能赢得奥斯卡最佳纪录片金像奖，但是这并不重要。

视频点播能够为纪录片，甚至令人生厌的商业信息片（infomercial）注入新生命。数字化电视代理人能够编辑在空中传送的电影，就好像大学教授运用不同书本的章节及不同杂志的文章，编辑文选一样。著作权律师们，系好安全带吧！

没有执照的电视台

在网络上，每个人都可以是一个没有执照的电视台。1993 年，美国售出了 350 万部家用摄像机。虽然家庭自制的录像带终究还赶不上黄金时段电视节目的制作水准（感谢上帝），但是现在大众媒体的意义已经不限于制作精致的专业水准的电视节目了。电信管理人员都知道，我们需要宽带来把信号输入家庭，但是他们看不透的是，反方向的传输也需要同样高容量的频道。互动式计算机服务中的做法把这种不对称状况合理化了：有时传给你信息时使用的是高带宽，而接收你的信息时使用的则是低带宽。其中的原因是：我们大多数人打字都比阅读慢得多，而识别图像则比画出图像快得多。

但是，在视频服务中，这种不对称并不存在。频道必须是双向的。举一个明显的例子，不管是对祖父母还是对没有得到子女监护权的离婚父母而言，电信会议未来都将成为绝佳的消费性媒体。

这是指活的视频信息。想想看“死的”会是什么样。在不久的将来，就像今天经营电子公告牌的 57000 名美国人一样，个人也能以同样的方式经营电子视频服务。未来电视的面貌会逐渐变得像今天的互联网络一样，充斥着小规模的信息制作人。几年后你可以跟朱丽叶·蔡尔德（Julia Child）[1]或某个摩洛哥的家庭主妇学做蒸粗麦粉，也可以和罗伯特·派克（Robert Parker）[2]或法国勃艮第（Burgundy）的葡萄酒商共同发掘品酒的乐趣。

---

[1] 朱丽叶·蔡尔德（1912—2004），美烹调书籍作家，经常在电视上现身说法。

[2] 罗伯特·派克，美国品酒名家。

拓扑学的逻辑

目前，信号进入家庭的电子路径有四条：电话、有线电视、卫星电视和空中广播。它们的差异主要表现在拓扑学（topology）意义上，而不是经济模式的交替上。如果我要在相同的时间，把相同的比特传送给美国大陆的每户人家，我显然应该利用一颗覆盖范围横跨东西海岸的卫星。这样做最符合拓扑学的逻辑。有些行为，比如说，把比特传送给美国境内 22000 个电话交换机中的每一个，就不符合这一逻辑。

相反地，假如我要传送的是地方性新闻或广告，空中广播就是不错的方式，有线电视则更理想。电话在点对点的情况下，功效最佳。假如要我单纯依据拓扑学的逻辑来决定采用哪一种媒体，我会用卫星来转播橄榄球超级杯赛（Super Bowl）[3]，而用电话网络来传送互动式、个人化的“每周华尔街报道”（Wall Street Week）。我们可以根据某一种路径最适合哪一种比特，来决定究竟是通过卫星、空中广播、有线电视还是电话网络来传输信号。

改写距离的意义

但是，在“现实世界”里（许多人总是提醒我这一点，好像我是活在一个不真实的世界里），每个频道都希望广开财源，因此往往尝试去做自己最不擅长的事情。

[3] 美国全国橄榄球联合会自 1967 年起每年举行一次的决赛。

比方说，有些同步卫星的经营者想要提供以陆地为基地的点对点网络服务。除非是你提供服务的地区正试图克服某些特别的地理或政治障碍，例如岛屿地形或新闻审查制度，否则和有线电话网络的优点相比较，这样做没有多大意义。同样道理，如果要利用空中广播、有线电视或电话系统等路径把橄榄球超级杯赛的比特同时传送到每家每户，也是非常困难的事情。

比特终究会慢慢地，在适当的时候，转移到适当的信道上。如果我想看去年的超级杯赛，利用电话拨号方式来收看，最合乎逻辑（而不是等着看哪家电视台会重播这场比赛）。赛完之后，超级杯赛一下子变成了档案材料，因此适合的播放信道也就和现场转播（“活”的资料）时截然不同。

每一种传输信道都有自己的一些反常之处。当你利用卫星把信息从纽约传送到伦敦的时候，信息经过的距离只不过比从纽约用同样办法传到邻近的纽瓦克（Newark）多5英里。

因此，只要位于某个卫星涵盖范围之内，不管你是从麦迪逊大街（Madison Avenue）打电话到同在纽约的公园大道还是远从纽约时代广场（Time Square）打电话到伦敦闹市区的皮克迪里广场（Picadilly Circus），通话的费用应该相同。

光纤同样迫使我们重新思考传输比特的费用问题。当我们用一条光缆干线在纽约和洛杉矶之间传输比特时，这种远距离的光缆传输比起用郊区如毛细血管般密布的电话网络传输来，究竟是更便宜，还是更昂贵，实在很难说。

在数字化世界里，距离的意义越来越小。事实上，互联网络的使用者完全忘记了距离这回事。在互联网络上，似乎距离还往往起了反作用。与近距离的通信对象相比，我常常更快地收到远方的回信。由于时差的缘故，远方的朋友可以在我晚上睡觉的时候回信，因此感觉上反而好像离得更近。

当我们把与互联网络相类似的传输系统用于大众娱乐世界中时，地球就变成了单一的媒体机器。今天，装了碟形卫星天线（dish）的人家已经可以超越地缘政治的界限，欣赏到各种各样的节目。问题只在于我们应该如何应对这种变化罢了。

关于比特的比特

要对付大量的电视节目，最好的办法就是根本不去管它，完全由代理人代劳。

尽管再过 30 年，未来的信息处理机器能像你我一样了解影像的含义，但是，机器所了解的影像内容仍然会局限于特定的领域，例如自动取款机的脸孔辨识功能。这和计算机能直接从电视影像中了解到辛菲尔德刚刚又吹了一个女朋友，还有天壤之别。因此，我们需要一些能以关键词语描述故事的比特、表达内容的数据以及参考资料比特。

在未来的几十年中，描述其他比特的比特、目录、索引和摘要将会充斥数字化的传播世界。这些比特将会在机器的辅助下，由人类在产品发行时输入（就像今天的闭路字幕），或稍后由观众和评论家输入。结果比特流中包含了许多的信息标题，计算机因此就可以为你处理大量的信息内容。

将来，当我回家的时候，我的录像机会对我说："尼古拉，今天你不在家的时候我看了 5000 个小时的电视，我给你录了 6 段节目，一共 40 分钟，你的高中同学上了'今天'节目，还有一个记录片是关于多德卡尼斯群岛（Dodecanese Islands）[4]的，还有……"计算机之所以这么能干，靠的就是阅读信息标题。

同样的信息标题也可以在广告上发挥很大的功效，如果你想买一部新车，你的计算机屏幕上这一周就全是汽车广告。而且汽车公司可以在它的信息标题中包含本地、本地区和全国汽车市场的信息。因此你不会错过附近汽车经销商的清仓大甩卖。这种方式可以推而广之而发展出一个完整的购物频道。这个频道和 QVC 购物频道不同，只卖你真正需要的东西，而不是推销一批稀奇古怪的东西。

关于比特的比特将令广播和电视全然改观，不但让你能够掌握感兴趣的资料，同时也让广播电视网能无孔不入地把信息传达到需要的任何角落。到那时，广播和电视网将最终了解联网的真正含义。

南辕北辙的电视网和计算机网

电视网和计算机网络几乎南辕北辙。电视网是个只有一种信号来源

[4] 在爱琴海东南部，克里特岛与土耳其之间。

（source）但是有许多同类信号接收器（sink）的层级传播系统。

而计算机网络则由不同种类的处理器组成，每个处理器都既是信号来源又是接收器。

两者实在是大相径庭，以致它们的设计师说的简直就是两种语言。前者的逻辑对后者而言，就好像伊斯兰教原教旨主义者向意大利天主教徒说理一般，根本听不懂。

比方说，当你在互联网络上发送电子邮件的时候，信息被分成包并给出带地址的报头，然后信息包经由不同的路径传送，通过各种处理器的中间处理，去掉和增加一些其他的报头信息，然后在另一端神奇地重新组织和整合在一起。这一切之所以办得到，是因为每个信息包都含有这种关于比特的比特，而每个处理器也有办法把关于信息的信息从信息本身中抽离出来。

当视频工程师开始研究数字化电视时，他们没有从计算机网络的设计中吸取任何经验。他们忽略了异类系统（heterogeneous system）和信息标题的灵活性，反而为图像分辨率、帧频、屏幕高宽比和交错扫描等问题争论不休，而不是把它们当成可变的因素。电视遵奉的是模拟世界的教义，对数字化的原理（例如开放式体系结构、可升级性、互用性等）则视若无睹。这些将会改变，但到目前为止变化还非常缓慢。

一网打尽全世界

无论在字面上还是实际运作上，推动变革的都将是互联网络。互联网络之所以吸引人，不只是因为它是一个遍及全球的大众网络，而且也是因为它是在没有设计师负责规划的情况下，自然演变而成的，就好像乌合之众般形成了今天的面貌。没有人发号施令，但是到目前为止，它所有的部分都日渐进步，令人叹赏。

没有人知道到底有多少人使用互联网络，因为，首先，它是一个网络的网络。截至 1994 年 10 月，互联网络上已经拥有 45000 个以上的网络，400 万个以上的主处理器（每一季度以超过 20%的速度增长），但是这些都不足以用来估计用户的数目。很有可能其中的一部机器是通往，比如说，法国 Minitel 网[5]的一个公共网关（gateway），因此突然之间，互联网络上又多了 800 万个潜在的使用者。

在美国马里兰州（Maryland）和意大利的波洛尼亚（Bologna），互联网络向所有居民开放，显然这些人不见得都使用互联网络。但是在 1994 年，似乎有 2000 万到 3000 万人使用互联网络。我猜想到 2000 年时，将会有 10 亿人入网。这种猜测部分的依据是，1994 年第三季度互联网络的主机数增长得最快的国家依次是阿根廷、伊朗、秘鲁、埃及、菲律宾、俄罗斯联邦、斯洛文尼亚和印度尼西亚。在这 3 个月中，所有这些国家的增长率都超过了 100%。我们昵称为“网络”（The Net）的互联网络已不再为北美所独享。在互联网络的所有主机中，世界其他地方的主机占 35%，而这些地方恰恰是增长最快的地方。

---

[5] 法国电信部门开设的信息网络系统。

生活在“第三个”处所

尽管我一年到头天天使用互联网络，网络上像我这样的人却显得很没用。我只用它发电子邮件。网上功夫更高强的使用者和空闲较多的人可以像逛街一样在网上漫游。你可以从一台机器逛到另一台机器，使用 Mosaic 软件浏览电子橱窗，或者只是信步乱闯。你也可以加入所谓的 MUD 实时讨论小组。这个 1979 年出现的名词意为“多用户地牢”（multi-user dungeons）游戏，有些人觉得这个词听起来很尴尬，就说它的意思是“多用户领域”（multi-user domains）。MUD 的新形式是“面向对象的 MUD”（MUD Object-Oriented，MOO）。在实际的意义上，MUD 和 MOO 都属于我们日常生活中的“第三个”处所，既不是家里，也不是办公室。现在有人每天都在那里泡上 8 个小时，乐此不疲。

到 2000 年，更多的人将会在互联网络上自娱自乐，而不用去看今天我们所谓的“电视网”的节目。互联网络的发展将超越 MUD 和 MOO 的阶段（听起来好像是 20 世纪 60 年代的伍德斯托克[6]精神在 90 年代的今天披上了数字化的新衣），并且开始提供更广泛的娱乐服务。

互联网络广播（Internet Radio）肯定是未来的先导。但即便是它也只是冰山之一角，因为，到目前为止，它主要还是针对某种特定类型的计算机黑客进行窄播。它的一个主要的现场访谈节目，名为“本周怪杰”（Geek of the Week），就是一个明显的例子。

---

[6] 指伍德斯托克音乐节（Woodstock Festival），1969 年，美国人在纽约州东南的伍德斯托克举办了一场摇滚乐大会，大约有 30 万到 50 万摇滚乐迷参加，象征 20 世纪 60 年代美国年轻人反传统文化的最高潮。

互联网络用户构成的社区将成为日常生活的主流，其人口结构将越来越接近世界本身的人口结构。就像法国的 Minitel 网络和美国的奇迹网络都认识到的那样，网络上应用最多的是电子邮件。网络真正的价值正越来越和信息无关，而和社区相关。信息高速公路不只代表了使用国会图书馆中每本藏书的捷径，而且正创造着一个崭新的、全球性的社会结构！

3. 便捷的联系

仅仅数字化是不够的

当你阅读这页文字的时候，你的眼睛和大脑不断把这种印刷媒介转换成你可以当作有意义的文字来处理和辨识的信号。如果你想把这页内容传真出去，传真机上的扫描仪会绘制出一幅由一条条线组成的精细的图形，并用 0 和 1 分别代表有墨迹和没有墨迹的黑和白。这个数字化的图形反映的原件的逼真程度，完全要视扫描仪的精细度而定。但是，无论你的传真机扫描得多么精确，传真件最终也只是原件的复制图像罢了，它既不是字母，也不是单词，而是像素。

如果由计算机来诠释这幅图像的内容，就必须经过一个和人阅读时差不多的识别过程：先把小块的像素转换成字母，然后再把字母拼成单词，其中还包括了区分字母 O 和数字 0、分辨出文本内容和手写痕迹、搞清咖啡渍和图解的不同，同时还要在充满噪声（扫描和传输过程产生的干扰）的背景中明察秋毫。

一旦完成了这个工作，你的数字化文件就不再是一幅图像，而是以字母形式出现、按一定结构组成的各种数据，通常都按“美国信息互换标准代码”（American Standand Code for Information Interchange，ASCII）[1]编成二进制码，再加上一些关于字体和版式的相关数据。传真和 ASCII 码之间的这种根本差异也存在于其他媒体。

CD 是“声音的传真”。它是允许我们压缩、纠错并控制音频信号的数字化数据，但它不能体现音乐的结构。例如，要在 CD 中去掉钢琴的声音、替换歌手，或改变交响乐队中乐器所在的空间位置，就都很困难。8 年前，麦克·霍利（Mike Hawley）首先观察到声音传真和结构严谨的音乐之间存在的巨大差异。他当时还是麻省理工学院的学生，现在刚刚留校任教。他同时也是一位很有天分的钢琴家。

霍利的博士论文中包括了他在一架特别设计的波桑朵菲（Bosendorfer）大钢琴上所作的研究。这架钢琴记录下每个琴槌开始敲击的时间，以及琴槌击打琴弦的速度，此外，他把所有的琴键都电动化，因此，这架钢琴几乎可以毫厘不爽地倒弹一首曲子。这架特殊钢琴就好像一个精心设计的键盘数字转换器和一架全世界最昂贵和高分辨率的演奏用钢琴的结合体。日本的雅马哈公司（Yamaha）最近刚刚推出了这种钢琴的廉价机型。

霍利当时考虑的问题是，如何才能在 CD 上储存超过 1 小时的音乐。工业上处理这个问题有两种增量方式。一种是把激光从红光改为蓝光，

---

[1] ASCII 码为标准西文键盘上的所有字母和符号都指定一位 8 比特的码，因此计算机能将由键盘输入的所有指令，都转换成计算机可处理的数字。

这样缩短了波长（wavelength），使存储密度达到原来的 4 倍。另一种是采用更新的编码技术，因为你的激光唱机用的其实是 20 世纪 70 年代中期的算法（algorithm），从那时到现在，我们已经掌握了更好的声音压缩技术，能比原来至少压缩 4 倍（而声音的损失度并不增加）。将这两种技术同时使用，你在一面 CD 上一下子就能储存 16 小时的声音。

有一天，霍利告诉我，他找到了一种办法，可以把好多好多小时的音乐录到一张 CD 上。我问："多少小时？"他说："差不多 5000 个小时。"我想，假如这是真的，那么世界音乐出版人协会（Music Publishers Association of the World）一定会雇杀手来取霍利的性命，而他从此以后就要像作家拉什迪（Salman Rushdie）[2]一样，为了逃避杀手永远过着躲躲藏藏的日子。但是不管怎样，我还是请他解释给我听（而且我还和他拉勾，发誓保守秘密）。

霍利在波桑朵菲钢琴上发现（他找了一个名叫约翰·威廉姆斯的人在这架钢琴上弹奏，作为他实验的合作者），即使人的手指在钢琴上弹得飞快的时候，在波桑朵菲钢琴上发出的声音，1 分钟也超不过 30000 个比特。换句话说，测量手指的运动所得到的数据是很低的。这和 CD 上每秒 120 万比特的声音速率相比简直是九牛一毛。也就是说，如果你存储的是手势而非声音的数据，那你就能多存储 5000 倍的声音，而且也用不着价值 125000 美元的波桑朵菲钢琴，只要有一台价格更低廉的

---

[2] 拉什迪为英国作家，因写作《撒旦的诗篇》触犯伊斯兰教规，而被伊朗宗教领袖霍梅尼下令通缉。

装有乐器数字界面（Musical Instrument Data Interface，MIDI）[3]的钢琴就行了。

在 CD 制造业中，每一个曾经研究过音乐光盘容量的人都胆怯地、也是可以理解地把这个问题当作只是音频领域的问题，就好像传真完全属于图像领域一样。霍利的想法则恰好相反，他认为弹奏的手势就如同乐器数字界面，而且两者都更接近美国信息互换标准代码。事实上，乐谱本身是一种更简洁的音乐表现形式（公认分辨率很低，而且不会因为人的诠释而产生表现上的差异）。

通过寻找信号中的结构和信号产生的方式，我们已经过了比特的表面而进入到它的内部，发现了图像、声音或文本的基本构件。这是数字化生活中最重要的事实之一。

传真机是一大灾难

假如 25 年前，计算机科学界对今天计算机能看得懂的新文本比例作一个预测的话，他们预估的数字可能会高达 80%甚至 90%。直到 1980 年左右，这个预测还是正确的。但紧接着，传真机冒了出来。

传真机是信息风景线上一个明显的污点，等于向后倒退了一大步，所带来的盘根错节的影响历久不衰。当然，我谴责的对象是一种似乎为

[3] MIDI（迷笛）为电子乐器之间数字通信的协议，利用计算机来带动键盘、定音鼓等乐器，使它们一起或依序发声演奏。

我们做生意的方式，甚至为我们的个人生活带来了革命性变革的电信媒介。但是，人们并不了解这其中的远期代价、短期失误，以及其他可行的替代方案。

传真是日本人的遗产，但不单纯是因为日本人很聪明，能够生产出标准化的、比别家更精良的传真机，就像录像机一样；而是因为日本人的文化、语言和做生意的习惯都有非常形象化的倾向。

直到 10 年前，日本人还不是通过文件做生意，而是通过声音，而且通常都是面对面谈生意。有秘书的生意人寥寥无几，商业函件往往都是辛辛苦苦亲手写成。相当于打字机的东西看起来更像一部排字机，密密麻麻的铅字模板上有一个电动手臂，要从 60000 多个字中一个个挑出需要的汉字符号。

汉字的图形性使传真的发明水到渠成。由于当时计算机能识别的日本文字寥寥无几，因此采用传真没有什么坏处。但是，对于像英语这种符号式的语言而言，如果考虑到计算机的阅读能力的话，传真简直就是一大灾难了。

英语只不过使用了 26 个拉丁字母、10 个数字和少量的特殊符号，所以对我们来说，从 8 个比特的 ASCII 码角度来考虑通信的问题，就自然得多了。但传真的存在却使我们忽略了这一点。举例来说，今天大多数的商业信函都是在文字处理器上拟就的，拟好后打印出来，再传真出去。想一想这个过程。我们在起草文件时用的完全是计算机可读的形式，而且计算机“读”得简直太好了，以致事实上我们常常想不到要用拼写检查程序纠正拼写错误。

接下来我们怎么做呢？我们把它打印在印有单位名称、地址、电话的信纸上，于是，文件现在完全丧失了数字化的特性。

然后我们把这张纸拿到传真机前，信纸上的内容被重新数字化，变成图像，信纸原来的质感、颜色、字头等特质经过这一过程而丧失殆尽。这封信被发往一个目的地，也许就是复印机旁的文件筐里。如果你正好是这个不怎么幸运的收信人，你就拿到这张病快快的、纤薄的、有时好像古代的手卷一般不加剪裁的纸，还得读上面的内容。饶了我吧，这简直就跟把茶叶传过来传过去一样愚蠢。

即使你的计算机装了传真调制解调器（fax modem），可以省却打印的步骤，或即使你的传真机用的是打印用纸，而且可以印出全彩画面，传真仍然不是一种具有智能的媒介。因为，把你计算机的阅读能力拒之门外，而唯有借助计算机的阅读能力，收信人才能自动储存、检索和处理你传来的信息。

大约6个月以前，好像某人从某个地方传了一件东西给你……说得好像是“如此这般”的一件事——这种情况你有几次能想得起来那究竟是一件什么样的事呢？

但假如这封信是以ASCII码形式传送的，你只需要在计算机数据库中搜寻关于“如此这般”的档案，就可以找到这封信。

当你传真一个电子数据表（spreadsheet）时，你能传送的只是它的图像而已。但是如果你采用电子邮件的方式，你等于传了一张可以编辑的电子数据表给收信人，他可以在上面随意操作、提出问题或以他想用的方式来看这张表。

传真甚至一点也不经济。假如你以 9600 波特的正常速率传真这页内容，需要花 20 秒的时间，大约传输了 200000 比特的信息。而如果你用电子邮件，不到 1/10 的比特数就够了：也就是 ASCII 码和其他的控制符（control character）。换句话说，即使你声称毫不在乎计算机的阅读能力，假如在同样的 9600 波特的传输速率的条件下，计算每比特或每秒所要消耗的成本，电子邮件的成本只有传真的 10%（若是在 38400 波特的速率下，电子邮件的成本更降为传真的 2.5%）。

电子邮件急起直追

传真和电子邮件的观念都始于大约 100 年前。在 1994 年才首次发现并出版的一份 1863 年的手稿《二十世纪的巴黎》（*Paris in the 20th Century*）中，儒勒·凡尔纳（Jules Verne）[4]写道："传真电报（photo-telegraphy）能将任何的手稿、签名或图示送到很远的地方，也可以使你与 20000 公里以外的人签约。电线通进了每家每户。"

1883 年，西部联合电报公司（Western Union）推出的自动电报就是一种使用加强型电线的、点对点的电子邮件系统。今天我们所知道的多点对多点的电子邮件的普遍使用其实早于传真的普遍使用。20 世纪 60 年代中期和晚期，当电子邮件刚刚兴起时，懂计算机的人寥若晨星，因此，也就难怪 20 世纪 80 年代传真机一出现，就立刻后来居上。传真

[4] 儒勒·凡尔纳（1828—1905），法国小说家，现代科幻小说的奠基人，主要作品有《格兰特船长的儿女》、《海底两万里》、《80 天环游地球》等。

的好处是容易使用、轻易就可以传送图像、复制原件（包括表格）。此外，在某些情况下，而且直到最近，传真上的签名具有法律效力。

但是到了计算机无所不在的今天，只要看看一飞冲天的电子邮件使用人口，就知道电子邮件占了压倒的优势。除了数字化的好处之外，和其他媒介相比，电子邮件是一种更具有对话性的媒介。尽管它不是口语的对话，感觉上却更接近于讲话，而不是书写。

我每天早晨的第一件事就是查看我的电子邮件。稍后我就可以说："对，我早晨跟某某人谈过了。"虽然那只是电子邮件。在电子邮件信息频繁往返的过程中，常常会出现拼写错误。我记得有一次我因为拼写错误特意向一位日本同行道歉，他回答说，不用担心，因为他纠正拼写错误的能力一定高于我所能买到的任何拼写检查软件。还真是那样。

这种半对话式的新媒体和写信确实截然不同。电子邮件比快递邮局复杂得多。随着时间的推移，人们会发现它的各种不同的用途。电子邮件中现在已经出现了一套表情符，例如用"：)"代表笑脸。在下一个千年中，电子邮件（绝不再局限于 ASCII 码）很可能成为最主要的人际通信媒介，而且在未来 15 年中，它将与声音通信并驾齐驱，甚至凌驾于声音通信之上。我们大家都将使用电子邮件，前提是我们都要懂得一些数字化礼节。

网络礼仪

想象一下这样的场景：在 18 世纪奥地利古堡金碧辉煌的舞厅中，

数百支蜡烛摇曳的烛光、威尼斯式的镜子和华丽的珠宝，把大厅映照得光彩夺目。400 名俊男美女在 10 人管弦乐队伴奏下，优雅地跳着华尔兹，就好像派拉蒙的电影《一代妖后》（*The Scarlet Empress*）或者环球影片公司（Universal Pictures）的《风流寡妇》（*The Merry Widow*）中的场景一样。现在想象一下，场景依然不变，只是其中 390 位宾客头一天晚上刚学会跳舞，每个人都小心翼翼地踏着舞步。这跟现在互联网络上的情形很相似：大多数的使用者都笨手笨脚。

今天，互联网络的用户大多是新手，很多人入网的时间还不满一年。起初，他们会传送大量的信息给一小群特定的收信人，不仅内容上长篇大论，而且语气急切，仿佛收信人除了尽快给他们回信以外，没有更好的事情可做。

更糟的是，通过电子邮件传送文件副本简直易如反掌，而且似乎就跟不花钱一样，对方只要来一个“回车”（carriage return），就可以在你的电子信箱中塞满你丝毫不感兴趣的万言书。这个简单的动作把电子邮件从个人的对话媒介，变成了一种大规模的信息倾销。当你是通过窄带信道联网时，情况尤其令人沮丧。一位新闻记者受命撰写一篇关于网络新手及他们率性使用网络的报道。为了研究这个问题，他没有事先征得我的同意，也没有任何警告，就发了一份长达 4 页的问卷给我和其他人。他的报道真可谓是一幅绝佳的自我写照，自己打自己的嘴巴。

简洁是电子邮件的灵魂

对记者而言，电子邮件可以成为最好的媒介。电子邮件采访会较少打扰受访者，也能给他们更多的思考余地。我相信全世界许许多多的新闻媒体都会把电子采访当成绝佳的媒介和标准的采访工具——只要记者们能好好学一点数字化的礼节。

要在互联网络上表现使用电子邮件的礼貌，最好的办法就是假定收信人的通信速率只有 1200 波特，而且也只有几分钟的时间来读信。反面教材就是在回信的时候，一字不漏地将原信附上（令人担忧的是许多我认识的网络老手都有这个习惯）。要让电子邮件含义清楚的办法不少，这可能是其中最懒惰的一个办法。当信件很长或信道很窄时，更是要命。

另一种极端则更糟糕。例如回信时只答“当然”。什么事情当然啊？

依我的意见，所有数字化习惯中，最糟糕的就是毫无必要地拷贝，也就是动不动就“cc”（抄送）的习惯（谁还记得 cc 是 carbon copy，即“副本”一词的缩写？）。堆积如山的副本令许多企业高级经理人员视上网为畏途。电子副本的一大问题是，由于回信往往也传送给整个抄送名单，因此副本会自我繁衍，变得越来越多。你永远不知道某人是偶尔回信给所有人，还是就愿意这么做或不知道该怎么做。假如有个人正在筹备一个临时的国际会议，邀请我和另外 50 个人参加，我最不爱看的就是 50 份行程安排表以及有关这些安排的琐碎讨论。

“简洁是电子邮件的灵魂”，游吟诗人可能会如是说。

星期天也不例外

电子邮件作为一种生活方式，对我们的工作和思考方式都产生了重大的影响。一个具体的结果是，我们的工作和娱乐节奏改变了。渐渐地，每天早 9 点到晚 5 点、每周工作 5 天、每年休假 2 周，将不再是商业生活的主流步调。星期天和星期一不再有那么大的差别。

有些人会说（尤其是欧洲人和日本人），这真是一大灾难。他们宁愿把工作留在办公室里，不要带回家。人们有远离工作的权利，我当然不会吝惜这一点。但另一方面，我们有些人就是喜欢随时都被“网罗”。交换条件很简单。就我个人而言，我宁愿以星期天多回复一些电子邮件，来换取星期一早上的懒觉。

既在家中，又在外面

有一幅非常好的、现在也很有名的漫画，描写两条狗在互联网络上对话。其中一条狗在计算机上打了一行字给它的同伴：“在互联网络上，没有人知道你是一条狗。”它应该再加一条附注：“而且他们也不知道你在哪里。”

从纽约飞到东京，在大约 14 个小时的旅程中，我大部分的时间都在打字和撰写四五十封电子邮件。想想看，假如我一到饭店就把这些邮件交给前台，让其传真出去，一定会被视为大宗邮件。然而，假如我采用电子邮件，我只要拨一个当地号码，就可以轻松迅速地把事情办好。而且当我发信的时候，我把这些信直接传递给许多人，而不是发给某个地址；他们也把信息传送给我本人，而不是寄给东京某个地方。

电子邮件可以让我们具有超乎寻常的流动性，而且没有人需要知道我们究竟身在何处。保持联网状态的过程带来了一些有趣的问题，这些问题都和数字化生活中原子和比特的差别有关，对出差在外的推销员可能影响最大。

我在旅行的时候，至少设法得到两个能让我和互联网络连上的当地电话号码。与一般人的想象不同的是，这些网络入口都是非常昂贵的商业入口，使我或者可以和当地的报文系统相连（我在希腊、法国、瑞士和日本的情况就是这样），或者和斯普林特公司（Sprint）及微波通信公司（MCI）的全球报文服务系统相连。像斯普林特就在俄罗斯的 38 个城市都有入口号码，这些号码中的任何一个都能把我和我的单用户分时系统或作为后备力量的媒体实验室主机相连。一旦与我的分时系统或主机连上，我就在网上了。

数字化生活的物理路障

要在世界各地都与网络相连堪称一种法术。问题不在于数字化生存，而在于插头是不是配备齐全。欧洲有 20 种（数一数看）不同的电插头！也许你终于已经习惯了小小的塑料电话插孔，也就是所谓的 RJ—II 插头，但别忘了世界上还有 175 种其他插头。我很自豪所有这些插头中的每一种我至少都拥有一个。因此当我长途巡回旅行时，我的行李箱中 1/4 的空间都放满了各式各样的电话插孔和电插头。

但是即使装备完善，你仍然可能连连碰壁，因为许多饭店及几乎所有的电话亭都无法提供调制解调器的连线端口。这种时候'你可以把一个小小的声音耦合器（acoustic coupler）附着在电话筒上。这项工作的难易度则要视电话筒上过度设计的程度而定。

一旦连上线之后，即使是通过最古老的、转盘式的模拟电话交换机，比特也能传回家中，尽管这样有时要求传输系统速度很慢，但纠错能力极强。

欧洲已经开展了一个全欧插头（Europlug）计划，以期开发出能满足下列三大目标的单一电力插头式样：①样子和目前所有的插头都不同；②具备目前所有插头的安全性；③不会让任何一个国家独占经济上的优势（这一点是欧盟独有的想法）。问题的关键并不仅仅在于插头。当我们的数字化生活逐渐展开之时，我们会碰到越来越多的物理路障，而不是电子路障。

比如说，饭店拿掉了 RJ—Ⅱ插孔上小小的塑料夹，这样一来，你就无法把膝上型电脑的电线插入墙上。这比收取传真接收费还要恶劣。这就是人为破坏数字化的一个例子。扎卡特夫妇（Tim and Nina Zagat）已经允诺要在将来出版的饭店指南说明这种情况，这样数字一族就可以抵制这类行径卑劣的饭店，另觅佳处来从事他们的数字营生。

4. 从游戏中学习

学习的乐趣

当麻省理工学院的媒体实验室在1989年首次开展LEGO/Logo实验[1]时，汉尼根小学（Hennigan School）从学前班到六年级的孩子们在LEGO管理人员、学术界和新闻媒体面前演示实验的成果。一位来自一家全国性电视网的热切的女主持人在闪亮的镁光灯下逼问一个小孩：这种形式是否不只是好玩的游戏而已？她想从这个8岁孩子口中逼出一句典型的、机敏的、能够吸引观众的话。

孩子显然吓呆了。最后，当女主持人连问了三次、镁光灯的热度也越来越高之后，这个满头大汗、恼羞成怒的小孩直愣愣地看着摄像机说："对，是很好玩，就是玩起来太费脑子了。"

---

[1] LEGO为一种玩具积木名称，而Logo则是一种计算机辅助教学语言，1970年由麻省理工学院开发，特别简单易学，尤其适于儿童。

西摩尔·派普特（Seymour Papert）正是这种“开动脑筋玩乐”的专家。他很早就注意到“擅长”语言这种概念很奇怪，因为随便哪个5岁小孩都能在德国学会德语，在意大利学会意大利语，或在日本学会日语。尽管年纪渐长之后，我们似乎丧失了这种自然学习语言的能力，但是我们无法否认，小时候我们都曾有过这种能力。

派普特建议当我们把计算机作为一种教育的工具来使用时，可以把它想象成我们在用计算机创造一个——比如说——叫“数学乐园”（Mathland）的国家，在那里，孩子们可以像学习语言那样来学习数学。尽管从地缘政治学的角度，“数学乐园”也许是个奇怪的概念，但在计算机上却绝对言之成理。事实上，现代计算机模拟技术已经能够创造出“微观世界”（microworld），孩子们在里面可以在游戏的同时探索极其复杂的原理。

在汉尼根小学LEGO/Logo实验班上，一个6岁的男孩在桌上堆起一堆积木，再把一个发动机放在积木的顶端，然后用两根电线把发动机和自己的计算机连上，再在计算机上敲出一个一行字的程序控制发动机的开关。他开动发动机的时候，积木跟着震动。于是，他在发动机上装了一个助推器，但由于某种原因（可能是由于操作错误）而装偏了。这次当他再开动发动机的时候，积木震动得更厉害了，它们不但在桌上跳来跳去，而且简直就要给震散架了（为解决这个问题，他要了一个骗人的小把戏——这种把戏并不是任何时候都绝对不好——用几根橡皮筋把积木绑住了）。

随后他注意到，如果他让发动机带动助推器顺时针方向转动，那么这堆积木就会先朝右边扭动然后向任意方向运动。如果他让发动机带动助推器逆时针方向转动，则积木会先向左扭动然后再向任意方向运动。最后，他决定在积木的下面装上几节光电池（photocell），然后把积木放在他在一张大白纸上潦草画出的黑线上。

他在计算机上设计了一个更复杂的程序，然后启动发动机。看到黑线，光电池会让发动机停下来，再重新启动，如果重新启动时发动机顺时针转，则积木右扭，反时针转，则积木左扭，终究又回到黑线上。结果是他造出了一堆会动的积木，沿着那条潦草的黑线扭动前进。

这孩子成了英雄，老师和同学们都想知道他是怎样发明出这种装置的，并且从许多不同的角度来分析他的实验，向他提出各种问题。这个小小的荣耀时刻使他体会到了一种非常重要的东西：学习的乐趣。

病入膏肓的年轻人

在我们的社会中，有学习障碍的学生可能远没有我们想象得那么多，倒是有障碍的教学环境之多远远超出了我们的想象。计算机能令这一切改观，因为它能帮助我们更好地了解学习和认知类型截然不同的孩子。

大多数的美国孩子都不知道波罗的海国家和巴尔干半岛国家有什么不同，谁是西哥特人（Visigoth，日耳曼族的一支），或路易十四生活在哪个年代。那又怎么样呢？为什么这些事情就这么重要呢？你知道里诺（Reno）是在洛杉矶的西边还是东边吗？

法国、韩国和日本这些国家不断在青少年的头脑中灌输各种知识，

了一种原则，而不是特例。由于我们现在几乎可以用计算机来模拟任何事物，我们不再需要靠解剖青蛙来了解青蛙的构造。相反地，我们可以让孩子们自己设计青蛙，创造出一种行为类似青蛙的动物，修正它的行为，模拟它的肌肉，在这只模拟青蛙身上玩不同的游戏。

游戏于信息中，尤其是游戏于抽象的主题中的时候，信息载体呈现了更丰富的内涵。我还记得我儿子三年级的时候，老师难过地告诉我，我儿子不会算两位或三位数的加减法。我想，这真是奇怪，我们在家玩大富翁游戏的时候，我儿子老是当银行家，他看起来对与数字打交道很有一套。

所以，我建议老师在出加法运算题时，试着不要把题目中的数字当作单纯的数字，而把它们转化成钱数。你瞧，他突然就开窍了，有办法心算出三位数的加减法，甚至更高位数的也不在话下。原因是，这堆原本抽象而没有意义的数字，现在都变成了钱，可以用来买路、建旅馆和付过路费。

计算机控制的 LEGO 则更进一步，让孩子们能够赋予物理构造以行为能力。目前媒体实验室的 LEGO 研究还包括在一个积木中植入计算机的原型，为派普特的结构主义展现了更多的弹性和机会，同时还包括了积木与积木之间的通信，以及以新的方式探索并行处理的研究。

今天，利用 LEGO/Logo 的孩子会学到你我在大学里才能学到的物理和逻辑原理。许多有趣的证据和谨慎的测试结果都表明，这种结构主义的方法是适合不同认知和行为风格的丰富的学习手段。事实上，许多被认为有学习障碍的孩子，在这种结构主义的学习环境中，都能健康成长。

信息高速路上的顽童

当我还在瑞士的寄宿学校就读时，因为离家太远，我和其他一些孩子在放秋假时没法回家，但却可以参加一场疯狂的寻宝比赛。

学校的校长是一位瑞士将军（他和大多数的瑞士军人一样，属于预备役），他既谋略过人又有号召力。他安排了一个为期 5 天、周游全国的竞赛，把孩子们分成小队，每个小队有 4 个从 12 岁到 16 岁不等的孩子，一共发给 100 瑞士法郎（当时合 23.5 美元）和 1 张为期 5 天的铁路乘车证。

每个小队都拿到不同的线索，然后就出去周游各地，沿路只要完成任务就可以得分。你可不要小看了这场比赛。有时候，我们得在半夜赶到某个特定经度和纬度的位置上，一架直升飞机会从天而降，丢下一个 1/4 英寸、缠成一团的录音带，用乌尔都语（Urdu）[2]给我们下达下一个任务：想办法逮住一头活猪，把它带到某个指定地点，在那里，我们会拿到一个电话号码（要找出这个电话号码，我们又得先解开一个复杂的号码谜，谜题是 7 个冷僻事件发生的日期，把这 7 个日期中每一个的最后一个数字拼在一起，就是我们要拨的电话号码）。

这类的挑战对我总是有莫大的吸引力，而且，恕我在此自卖自夸，我的小队赢了这场比赛——我一直相信我们会赢。由于那次经历给我的印象太深了，我在儿子 14 岁生日那天，也为他做了同样的安排。由于没有美国军队可以听我调遣，我只为儿子和他班上的其他同学安排了一

[2] 通行于印度和巴基斯坦，现为巴基斯坦官方语言之一。

天的波士顿探险，同样把他们分成小队，只准他们随身带着固定数目的钱和一张不受限制的地铁车票。我花了几个星期的时间来安排各种线索：跟饭店的前厅接待员打招呼、把线索藏在公园的长椅下、有些地点则必须靠解开电话号码的谜题才能找到。你或许也能猜到，在学校功课拔尖的孩子不见得会赢——事实上，情况往往相反。街头顽童和“聪明”学生之间，总是有很大的差别。

举例来说，在我安排的寻宝比赛中，有一次必须解开一个填字游戏，才有办法找到其中一个线索。一般的聪明学生会冲进图书馆找资料，或打电话向他们的聪明朋友请教。街头顽童则在地铁里到处询问路人。结果，他们不但更快找到答案，而且他们一面询问，一面从 A 点移到 B 点，行进了较多的距离，也在比赛中拿到了较多的分数。

今天的孩子有机会在互联网络上做一个街头顽童。在网络上，“孩子们能够听到彼此的声音但却看不到对方”。具有讽刺意味的是，在网络上，读和写两项技能大有好处。孩子们靠读和写来沟通，而不只是完成一些抽象的和模拟的游戏。不要把我所提倡的东西曲解为反对发展智力或蔑视抽象推理，恰好相反，互联网络给人们提供了探索知识和意义的新媒介。

网络上的寻宝比赛

我有轻微的失眠症，经常在凌晨 3 点钟醒来，然后在计算机上消磨一个小时，再回去睡觉。有一次我正在计算机前昏昏欲睡的时候，收到了一个叫迈克尔 • 施瑞格（Michael Schrag）的人给我发来的电子邮件。

发件人彬彬有礼地自我介绍，他是一个中学二年级的学生，想知道那个星期晚些时候他来麻省理工学院时，能否顺道拜访一下媒体实验室。我建议他来旁听我星期五的“比特就是比特”这门课，还为他指派了一个学生向导。我同时也把我们之间的通信各复印了一份给另外两位同事，他们也都同意和他见面。可笑的是，他们误以为他是著名的专栏作家迈克尔·施瑞吉（Michael Schrage），其实施瑞吉的名字后面多了一个 e。

当我终于和施瑞格碰面的时候，他的父亲陪着他。他父亲向我解释说，施瑞格在互联网络上认识了各种各样的人，而且施瑞格眼中的互联网络就好像我眼中的寻宝比赛一样。最令施瑞格的父亲惊讶的是，不管这些人是诺贝尔奖得主也好，企业高级管理人员也好，似乎都能抽出空来，回答施瑞格的问题。原因是，在计算机上回信实在太容易了，而且（至少目前为止），大多数人还没有被一大堆无缘无故的电子邮件所淹没。

长此以往，能够在互联网络上投入时间与智慧的人将会越来越多，互联网络也将变成一个人类交流知识与互助的网络。例如，美国退休人员协会（American Association of Retired Persons）的 3000 万会员身上就汇集了许多尚未被开发的集体经验。只要敲几下键盘，如此丰富的知识与智慧就能为年轻人所用。代沟在顷刻间便被大大缩小了。

一边玩，一边学

1981 年 10 月，派普特和我参加了石油输出国组织（Organization of Petroleum Exporting Countries，OPEC）在维也纳召开的会议。亚曼尼酋长（Sheik Yamani）在这次会议中发表了他那篇著名的演讲，提出应该给穷人渔竿，而不是鱼——应该教他们如何自力更生，而不是靠别人的施舍生活。我们和亚曼尼私下会面的时候，他问我们知不知道原始人和没有受过良好教育的人有什么区别。我们非常得体地沉吟了片刻，让他有机会回答自己的问题，他果然滔滔不绝地解释起来。

答案很简单，原始人根本谈不上受没受过教育，他们只是运用各种不同的方法，在一个紧密交织、相互扶持的社会结构中，把知识代代相传；而没有受过良好教育的人则是结构松散、不相互扶持的现代社会的产物。

亚曼尼的独白与派普特的结构主义观念如出一辙。这促使我和派普特两人第二年都跑到发展中国家，推动计算机在教育上的运用。

在这段时间中，我们在塞内加尔的达喀尔（Dakar）所做的实验，堪称是最完美的一个。我们在一所小学中引进了二十几部安装了 Logo 程序语言的苹果计算机。结果，这个农业化的、贫穷的、欠发达的西非国家的孩子和美国市郊中产阶级出身的孩子完全一样，能轻松自如地畅游计算机世界。塞内加尔孩子对计算机的接纳程度和狂热程度丝毫不逊于美国孩子，尽管他们的日常生活中缺乏机械化和电子化的环境。他们的肤色深浅、出身贫富都无关紧要，就好像身在法国就能学会法语一样，最重要的一点是，他们都是孩子。

在我们的社会里也可以看到同样的现象。无论是互联网络的用户结构，还是任天堂和世嘉电子游戏的使用，甚至于家用计算机的普及，社会的、种族的或经济的力量都不是最重要的影响力，代际差异才真正举足轻重。现在，年轻人是富有者，而老年人是匮乏者。如果说许多知识的进步是由国家和种族的力量所驱动的，数字化革命则不然。数字化革命就像摇滚乐一样，其精神和吸引力都将超越国界。

大多数成年人都搞不懂小孩是怎样从电子游戏中学习的。大家通常都认为这些诱人的游戏比电视还要糟糕，孩子们会沉溺其中而变得焦躁不安。但毫无疑问，许多电子游戏也教孩子们如何制订策略、培养他们的规划能力，这种能力在他们未来的生活中大有用处。想想看，在你小的时候，你能经常与人讨论策略问题，或急火火地想赶在别人前面更快地学会某种东西吗？

今天，我们很快就能完全明白像“俄罗斯方块”（Tetris）这样的电子游戏。不同的只是速度而已。我们可能会看到，玩“俄罗斯方块”长大的一代人，对于迅速打点物品、装满旅行车车厢很在行，更多的就不行了。但是，当电子游戏逐渐把阵地转移到威力越来越强大的个人计算机上时，将会出现越来越多的模拟工具（例如非常畅销的“模拟城市”）以及蕴含了更丰富信息的游戏。

开动脑筋好好玩吧！

5. 无所不在的万事通

机器的哀求

如果你打算雇人为你做饭、扫除、开车、烧火、守门，你能要求他们互不讲话、不去注意别人都在做什么、也不去协调彼此的职能吗？

可是，当我们用机器来执行这些职能时，我们却能胸有成竹地把它们一一分开。现在，我们的真空吸尘器、汽车、门铃、冰箱、热力系统都还是封闭式的专用系统。设计师在设计的时候，并没有打算让它们互相交流。在协调机器的行为方面，我们走得最远的一步，就是在许多器具中都装上了数字钟。我们试图利用数字时间，使某些功能同步进行，但结果却多半是造就了一堆呜呜咽咽的机器，上面不停闪动的“12：00”仿佛在低泣：“求求你，想办法让我变得更聪明一点吧！”

机器必须能轻松地彼此交谈，才能为人提供更好的服务。

寻找同伴的呼唤

数字化改变了机器与机器交流标准的特点。过去，人们习惯于聚在日内瓦或其他地方开国际会议，一槌敲定（这是工业化的年代里一个颇能说明问题的比喻）从频谱分配到电信协议等一切事物的世界标准。有时，这个过程旷日持久，例如由于对综合服务数字网（Integrated Services Digital Network，ISDN）[1]的电话标准讨论太久，等到标准通过时，技术已经落伍了。

标准制订委员会的操作前提和心态是，电子信号就好像螺纹一样。为了让螺钉和螺帽能适用于不同的国家，我们必须在每一个关键尺寸上都达成一致，而不是只制订部分标准。即使你算好了每英寸或每公分该有多少螺纹，假如直径不对，螺钉和螺帽仍然无法配套。机械世界在这方面的要求是很苛刻的。

比特就宽容多了。比特很适合更高级的语言描述和“协议”（protocol，原意为“礼仪”，过去专指上流社会在社交上的繁文缛节）。有些协议可以具体到规定两部机器如何“握手”。“握手”（handshaking）这个词，实际上是个技术术语，指两部机器之间如何建立通信，并且决定在通话中使用哪些变数。

下次你使用传真或调制解调器时注意听听看。所有那些杂音和难听的哔哔声，实际上都是在进行机器之间的联系交换。这些寻找同伴的呼

[1] 一种数字通信标准，能将电话、传真、计算机等各种现代化信息设备的信号都统一由一个数字通信网来传输。

唤声，就是在想办法商讨出所有变数中的最大公分母，以便找出交换比特的最广范围。

在更高的层次上，我们可以把通信协议当作中间标准，或是用来商讨出更具体的比特交换方式的语言。在使用多种语言的瑞士，假如你一个人去滑雪，而和陌生人共同搭乘滑雪缆车，这时你如果想和同伴交谈的话，第一件事一定是先商量用哪一种语言来沟通。电视和烤箱在携手合作以前，也会先问彼此同样的问题。

会动的小东西

25 年前，我应邀参加了一个顾问委员会，审核通用产品代码（Universal Product Code，UPC）的最后设计。通用产品代码是计算机可以识别的小小条形码，现在几乎随处可见，也就是当年令布什（George Bush）总统大出洋相的那个东西。话说某次，布什看到超级市场的自动结账收银机时，表现得十分惊讶，因此被引为笑谈。现在除了新鲜蔬菜以处，从罐头、包装盒到书籍（虽然有点破坏书籍装帧的效果），几乎所有商品上都使用了条形码。

这个通用产品代码顾问委员会的任务，就是对最后的条码设计签字画押。在评估了进入最后一轮的几个设计（小圆窗形的设计最后被评为亚军）后，我们也讨论了几个疯狂但有趣的提议，例如让所有的食品都带一点放射性，放射性的大小依成本而定，于是每个结账柜台都变成了盖革计数器（Geiger counter，一种放射能测定器），而购物者则根据自己购物车中的拉德（rad，辐射吸收剂量单位）数值而付款（据估计，一罐普通菠菜会让你暴露在每小时每公斤 1/10 微拉德之下，和人体从食物中获取的 10 万焦耳的化学能量比较起来，这只不过是每小时十亿分之一焦耳罢了。也许这就是为什么大力水手卜派[2]要把菠菜吃进肚子里，力气才会变得比较大）。

这个疯狂的点子却蕴含了一点小小的智慧：我们何不让每个 UPC 条码也能放射数据呢？或者，为什么不让它也能够有活性、可以像幼儿园的孩子一样举手发言呢？

我们做不到这一点的原因是它要消耗能量，因此条形码和其他“名字标牌”就被做成没有反应能力的东西。不过事实上，这个问题不是没有办法解决，例如可以从光中获得能量，或动用很少的能量来延长电池的使用年限。当在小范围内使用这些办法时，所有的“物品”就都可以呈现数字化的活化反应。比如说，你屋子里的每个茶杯、每件衣服、（对了，还有）每本书都能说出自己的位置。将来，“遗失”将和“绝版”一样，根本不可能发生在现实生活中。

活性标签将在未来扮演重要的角色，因为它们将把非电动化、没有生命的小东西（如玩具熊、螺旋钳、水果盘等）引进数字化的世界。不久之后，人类和动物都将把活性标签像徽章一样戴在身上。还有什么圣诞礼物比活性的宠物项圈更好呢？从此，你再也不用担心你的小狗或小猫走失了（或者，更准确的说法是，它们可能会走失，但你会知道它们在哪儿）。

---

[2] 大力水手卜派（Popeye），美漫画家埃尔泽 C·塞加（Elzia C. Segar，1894—1938）创作的连环画中的一个水手，吃菠菜后力大无穷，曾拍成动画片。

人们已经为了安全的缘故戴上了活性徽章。好利获得（Olivetti）公司英国分公司正在开发一种新产品。戴上这种徽章以后，不管你在一幢建筑物中的任何地方，它都能知道你的位置。如果有人打电话找你，离你最近的电话就会响起铃声。将来，你不必把这类装置（用夹子或别针）别在衣服上，这类装置会万无一失地织进你的衣服中，或粘在衣服上。

把计算机穿戴在身上

未来数字化服装的质料可能是有计算能力的灯芯绒、有记忆能力的平纹细纱布和太阳能丝绸，我不必再携带膝上型计算机，而是把它穿在身上。尽管听起来不可思议，我们其实早已开始把越来越多的计算和通信设备穿戴在身上了。

手表就是其中最明显的例子。它肯定会从今天单纯的时钟而摇身一变为明天移动的指挥控制中心。戴手表是一件再自然不过的事情，很多人就连睡觉的时候也戴着它。

一体化的、戴在手腕上的电视、计算机和电话，将不再是狄克·特雷西（Dick Tracy）[3]、蝙蝠侠（Batman）[4]或科克船长（Captain Kirk）[5]

[3] 美国漫画家柴斯特·古尔德（Chester Gould）于1931年开始画的同名连环画中的便衣侦探。

[4] 美国20世纪40年代开始流行的连环画，为后来出现的《超人》连环画的先声，曾拍成电影和电视剧。其主人公服饰动作都模仿蝙蝠。

[5] 科克船长是电视剧《星际旅行》中的船长。

的专利。在未来 5 年中，这种可以戴的装置可能会成为消费品中增长最快的部分。天美时（Timex）现在已经在手表和个人计算机之间提供无线电通信了。它生产的这种手表预计会非常火爆，到时候，许多微软的系统中都将吸收这种聪明的（光学）传输软件。

我们给这些小装置提供动力的能力，很快就会赶不上计算机微型化的速度。在技术领域里，动力的进步简直就如龟步般缓慢。如果电池技术的进步能像集成电路的发展那么快的话，我们早就可以开着由镁光灯电池发动的汽车去上班了。恰恰相反，长途飞行时我得背着超过 10 磅重的电池才能让我的膝上型计算机不致有断炊之虞。经过一段时间的演变，由于笔记本型计算机具备了更多的功能和更好的显示器，膝上型计算机所用的电池也就越来越重了（1979 年，索尼公司推出的最早的膝上型计算机 Typecorder 只用 4 节 AA 型电池）。

在可穿戴的计算机上，很可能会出现一些富于想象力的动力问题解决办法。阿贝克隆比和费奇公司（Abercrombie & Fitch）已经推出一种旅行帽，上面有一个以太阳能电池为动力的小电扇会把风吹到你的前额上。另外一个可以存储动力的绝佳所在，就是你的腰带。把腰带拿下来，看看它占据了多大的面积和体积。设想一下，如果把皮带扣设计成可以插到墙上、为移动电话充电的设备，那该有多好！

至于天线（antenna）的问题，人体本身就可以变成天线的一部分。而且，大多数天线形状的特点使它们很适合织进布料之中，或是当作领带一样戴着。只要加上一点点数字化的帮助，我们的耳朵就能够像兔子耳朵般灵敏。

重要的是要认清，将来会有许多数字化装置，无论其形状和大小，都和我们目前所能联想到的大不相同。经营计算机设备零售业的可能不止无线电器材公司（Radio Shack）和 Staples 公司这类传统电子商店，且还包括销售耐克（Nike）运动器材、利维（Levi's）牛仔裤或香蕉共和国（Banana Republic）[6]服饰的商店。在更远的将来，计算机显示器可能会按加仑来卖，而且漆成五颜六色。光盘只读存储器可以食用，而并行处理器则可以像防晒油般涂在身上。偶尔，我们还可以住在计算机里面。

无所不在的计算机化

由于我是学建筑出身，我发现许多很有价值的建筑学概念都直接适用于计算机设计。但是反过来，计算机设计除了让我们的环境中充满了各种看得见和看不见的智能装置外，对建筑学却几乎没有多少帮助。到目前为止，把建筑物想成巨大的机械电子装置，并没有激发出什么在建筑学上有创意的应用。

未来的建筑将像计算机底板（backplane）一样“智慧随时待命”（smart ready，这个词是 AMP 公司在推出它的“智慧型房屋”计划时创造的）。“智慧随时待命”也就是为未来电器之间的信号共享而预设线路和遍布连接器。例如，你可以加上各种处理器，让你的起居室呈现和卡内基音乐堂

[6] 指只靠出口诸如香蕉等单一经济作物且受外资控制的拉丁美洲小国。

（Carnegie Hall）[7]一样的音响效果。

我所见到的“智慧型环境”大都不能感应人类的存在。这是个人计算机不断升级过程中所面临的问题：环境没有办法看到你，或感觉到你的存在。就连恒温器都是根据墙面的温度，而不是你感觉冷还是热，来调节温度的。将来的房间会知道你是刚刚坐下来吃饭、已经睡着了、刚进浴室洗澡，还是出去遛狗了。这样的时候，电话铃不会响。如果你不在家，它也不会响。如果你在家，而且你的数字化管家决定把电话给你接过来的话，离你最近的门把手会先说声“对不起，夫人”，然后把电话接进来。

有些人把这种情形称为“无所不在的计算机化”（ubiquitous computing）。的确如此。有些人则认为这和使用代理人界面背道而驰。其实不然。这两个观念根本就如出一辙。

目前我们生活中各种互不相连的计算机处理流程（民航订位系统、销售点数据、各种网上服务、电子计量、信息传递等）将促使个人计算机无所不在。所有的处理流程也会越来越多地互联起来。假如你飞往达拉斯的早班飞机延迟起飞了，你的闹钟就会晚一点响，而且车辆服务部门也会自动收到交通预报。

现在大多数关于未来家庭的描绘中，都看不到家用机器人的身影：这是个奇怪的转变，因为 20 年前，几乎所有关于未来的描写中都有机器人。其实，C3PO 机器人会是个呱呱叫的管家，就连它的口音都再合

---

[7] 在纽约市第七大道和第五十七街交叉处，为钢铁大王安德鲁·卡内基所捐，是纽约爱乐交响乐团的演出场地。

适不过了。

人们对家用机器人的热情会再度点燃，我们可以期待未来的数字化佣人用腿脚来爬楼梯、用臂肘来掸灰、用双手来端饮料。由于安全上的原因，家用机器人也将能像凶猛的看家狗一样狂吠。这些都不是新观念，技术也几乎已经成熟了。全世界可能有 10 万人都愿付 10 万美元来买一个这样的机器人，这样一个价值百亿美金的大市场将不会被冷落太久。

早安，烤箱

假如你的冰箱注意到牛奶没有了，它应该能“请”汽车提醒你，在回家途中，顺便买些牛奶回来。

今天的家用电器所处理的信息真是少得可怜。

烤箱根本不应该把面包烤焦，它应该能和其他家电对话。那么，要在你的早餐面包上，印上你心爱的股票昨天的收盘价，就真的易如反掌了。但首先，你的烤箱必须和新闻网连上才行。

现在，你的家中可能有 100 多个微处理器，但它们都各自为政。整合得最好的家用系统可能就是报警系统，以及某些灯光遥控和小家电遥控装置。你可以设定煮咖啡的程序，让煮咖啡器在你起床之前，就为你研磨并煮好新鲜的咖啡。但是假如你重新设定了闹钟，让它晚 45 分钟才叫你起床，等到你醒来的时候，咖啡早就一塌糊涂了。

家用电器之间缺少电子通信的一个结果是，每种器具的界面都非常原始和奇怪。比如，当语音日益成为人与机器之间互动的主要方式时，小配件也需要具备聆听和说话的能力。然而，你不能指望每一样小器具都能充分掌握理解口语和制造口语的能力，它们必须互相交流，共享这类资源。

我们很容易为了达到资源共享而采用中央控制的模式，也已经有人建议在地下室中配备信息“壁炉”——一种管理所有信息输入及输出的家庭中央计算机。我想技术不会朝这个方向发展，而会更倾向于在家庭器具之间建立网络，由大家来分担不同的功能，网络中会有一个最擅长语音识别和语音制造的装置。假如你的冰箱和食品柜都通过读取通用产品代码来跟踪食物存量的话，那么只要有一种器具懂得如何诠释读到的信息就够了。

由机器教你使用机器

我们用“白色商品”（white goods）和“棕色商品”（brown goods）来区分较小的厨房设备像烤箱，榨汁机和较大的厨房设备如洗碗机和冰箱。但是，白色和棕色商品的传统区分方式，并没有把信息装置涵盖在内，这种分法必须改变，因为未来白色商品和棕色商品都将越来越需要既消耗信息，又制造信息。

将来的任何器具都将是简单化或复杂化了的个人计算机。向这个方向发展的原因之一是，我们需要更友好的、易于使用的、简单的家用器具。想想看，多少机器（如微波炉、传真机、移动电话）徒有大量的功能说明（有些根本没用），你却从来不愿费力把它弄懂，因为那实在太难了。这时候，机器中内置的信息处理功能就能帮你的大忙，而不是仅仅监督微波炉别把布里干酪[8]加热到软得拿不起来。家用器具应该成为很好的指导者。

使用手册的观念已经过时了。计算机软硬件制造商仍然把使用手册包装在产品之中，真可谓执迷不悟。要学习如何使用机器，最好的老师其实就是机器本身。它知道你在做什么，你刚刚做了什么，甚至能猜测你将要做什么。把这种认知融入计算机本身的操作中，对计算机科学来说只是很小的一步，但是对于摆脱你永远找不到、也几乎看不懂的印刷手册而言，却是前进了一大步。

只要对你多一些了解（你是个左撇子，耳背，而且对机械很没有耐心），机器会比任何文字的东西都更了解自身的操作和维修，从而充当你的助手。明天的家用电器将没有任何的说明书（除了“此面朝上”四个字）。一旦机器觉得自己被妥善地安装好之后，“保修单”就会以电子方式自动呈现出来。

聪明的汽车

在一辆现代的汽车上，电子的成本已经超过了钢铁。现在的汽车里已经有 50 多种微处理器。这并不表明我们把这些微处理器全都用得很高明了。你租了一辆时髦的欧洲轿车，可是直到加入了加油站前排起的

[8] 布里干酪原产法国北部的 Brie，色白而软。

长龙时，才发现自己不知道怎样用电子方式打开油箱，这岂不丢人现眼！

汽车中的主要数字化装置将包括智能无线电、能源控制和信息显示器。除此之外，汽车还可以享受到另外一个数字化技术的特别好处：它们将能够知道自己的位置。

由于近来地图绘制和跟踪技术的发展，我们可以面对一个描绘所有道路的计算机模型，找出汽车目前的方位。美国境内所有的道路位置都可以记录在一张光盘上。通过卫星、双曲线远程导航系统（Loran）[9]、加上计算汽车不断加快的速度，或将这些跟踪技术综合运用，就可以找出汽车的方位，误差不过几英尺而已。大多数人都记得在 007 情报员詹姆斯・邦德驾驶的轿车（名叫 Aston Martin）中，在他和驾驶副座之间的仪表板上有一个计算机显示系统，会呈现出一幅地图，显示他当前的位置和目的地的方向。这种计算机显示系统现在已经成为被人们广为接受和使用的商品了。在美国，奥斯摩比汽车（Oldsmobile）首先在 1994 年采用了这种装置。

但是，有一个小问题。很多开车的人都无法在快速前进的汽车中让眼睛迅速重新对焦以看清计算机显示器上的内容，老年人尤其如此。对他们来说，要从注视远方，突然变为注视离自己只有 2 英尺远的物体（而且反复做这种转换），是很困难的事情。更糟的是，有些人得戴着眼镜才能看地图，十足是马古先生（MrMaGoo）[10]驾车。因此，声音才是

---

[9] Long-range navigation 的缩写。

[10] 马古先生是美国连环画中的人物，有点堂・吉诃德的味道，他的眼睛异常近视，因而闹出许多笑话。

更好的协助导航的方式。

既然你在开车的时候根本用不上耳朵，耳朵就成为理想的信息通道，告诉你什么时候该转弯，该找什么标志，假如你看到什么什么东西，就表示你开过了头。但是，如何精确地表示方向是个很大的挑战（因为它很困难，所以人类在这方面表现得一塌糊涂）。道路上充满了模糊的指令。当你距离路牌几百英尺或几百码以外时，“下一出口右转”的指示非常清楚，但是，当你已经开到路牌附近时，到底“下一出口”指的就是眼前这一出口还是再下一个出口呢？

尽管要制造出这种数字式的、能说话的、优良的“后座驾驶员”不是没有可能，我们却不太可能在美国市场上很快见到这种产品。相反，你将看到的是和邦德的汽车上一模一样的装置，无论应该还是不应该，安全还是不安全。其中的原因很荒谬：假如汽车能够对你说话，而它提供的地图数据是错的，以至于你开进一条没有出口的单行线而发生车祸，责任应该由谁来负？而反过来，如果你是因为自己看了地图以后而发生意外，就只能怪自己运气不好了。在欧洲，人们对于赔偿和诉讼的看法比较开明，因此梅塞德斯—奔驰汽车（Mercedes-Benz）今年将推出会说话的导航系统。

这种导航系统的功能将不只限于把你从 A 点引导到 B 点，它将还能提供有声导游（“你右侧的这个建筑是……的出生地”）和有关食宿的信息（“已经在第 3 个出口附近给你订了一家很棒的旅馆”）。新的相应的专门市场将会出现。事实上，如果将来你的智能汽车被盗，它还可以打电话给你，告诉你它的确切位置。或许它的声音听起来还好像吓坏了的样子。

计算机人格随你选

会说话的汽车所以没有流行，原因之一是它们没有丝毫的个性，甚至还比不上一只海马。

一般而言，我们对计算机的个性的看法都来自它表现不好的那些方面。但偶尔也可能发生相反的情况。有一次，我笑得差点背过气去，因为我的拼写检查程序看到我拼的、有诵读困难症风格的“aslo”[11]后，骄傲地向我建议说，这个词的正确拼法应作“asshole”（“屁眼”）。

计算机逐渐开始有了自己的人格。有一个很小的但是常常被提起的例子是海斯公司（Hayes Corporation）的一个叫 Smartcom（意为智能通信）的通信软件，上面有一个长了一张脸孔的小电话。在联络过程中，电话的两只眼睛会盯着一张工作步骤清单，每当计算机完成了一个步骤、准备进行下一个步骤时，它的眼光就会跟着往下移动。最后，当联络完成的时候，电话脸会微笑，假如没成功，它就会皱眉表示失望。

这听起来好像微不足道，其实不然。拟人化的机器能让机器显得有趣、轻松、友善、可用、不那么“机械”味儿。要驯服一台新的个人计算机就好像在家里训练一条小狗一样。你将可以买到包含了虚构人物的行为和生活方式的人格模型组件，你也可以为你的报纸界面买一个拉

---

[11] 本应拼为“also”，意为“也”，作者误将其拼为“aslo”。

里·金（Larry King）[12]的人格模型。孩子们则会喜欢和有趣的瑟斯博士（Dr Seuss）[13]一起到网上冲浪。

我并不是要让你在写一封重要信件的时候，时不时被笑话所打断，我的意思是说，这种互动的方式将比只是听那些鼠标按下去的声音、进出程序时的叮叮声，或是看那些不断闪动的纠错提示，要丰富得太多了。我们将会看到有幽默感、能暗示和驱策你的系统，甚至还能看到会像巴伐利亚（Bavarian）保姆一样严守纪律的系统。

[12] 拉里·金是CNN著名节目主持人，主持“拉里·金现场谈话”节目。

[13] 瑟斯博士，著名儿童读物作家。

6. 新电子表现主义

穿过时光隧道的医生和教师

在冰箱上张贴小孩涂鸦的作品和苹果派一样，代表了地道的美式作风。我们鼓励孩子表现自我，自己动手做东西。可是，等到他们 6 岁大的时候，我们却突然改弦易辙，让他们觉得美术课就像棒球课外活动一样，比不上英文或数学那么重要，有志出人头地的年轻人应该把时间花在阅读、背诵和复习上。于是，在他们上学以后的 20 年里我们像填鸭一样拼命往他们的左脑中灌输各种知识，却让他们的右脑日渐萎缩。

派普特曾经讲过一个故事。一位 19 世纪中叶的外科医生神奇地穿过时光隧道来到一间现代的手术室。所有的一切对他而言都全然陌生。他不认识任何手术器械，不知道该怎样动手术，也不知道怎样才能帮得上忙。现代科技已经完全改变了外科医学的面貌。

但是，假如有一位 19 世纪的教师也搭乘同一部时光机器来到了现代的教室，那么，除了课程内容有一些细枝末节的变动外，他可以立刻从他的 20 世纪末的同行那里接手教起。我们今天的教学方式和 150 年前相比，几乎没有什么根本的改变，在技术手段的运用上，也差不多还停留在同样的水平。事实上，根据美国教育部最近所作的调查，84%的美国教师认为只有一种信息科技是绝对必要的：复印机再加上充足的复印纸。

更好的调色板

然而，我们终究开始摆脱这种呆板僵化的教学模式，从主要迎合那些约束自己按部就班的孩子，走向更多元化的教学。在这种教学中，艺术与科学之间、左脑与右脑之间，不再泾渭分明。当一个孩子使用 Logo 这样的计算机语言，在计算机屏幕上画图时，所画出的图形就既是艺术的，也是数学的，可以看作两者中任意一种。即使抽象的数学概念现在都可以借助视觉艺术的具体形象来加以阐释。

个人计算机将使未来的成年人数学能力更强，同时也更有艺术修养。10 年后的青少年将拥有更丰富多样的选择天地，因为不是只有书呆子才能成就高深的学问，具有各种不同的认知风格、学习方法和表现行为的人，都可能成大器。

工作与游戏之间的中间地带会变得异常宽广。由于数字化的缘故，爱与责任不再那样界限分明。业余画家大量涌现，象征着一个充满机会的新时代的来临，以及社会对创造性休闲活动的尊重。未来将是个终身创造、制造与表现的年代。今天，当退休的老人重拾画笔时，他仿佛又回到了孩提时代，但和青壮年时期相比，他所得到的完全是另外一种回报。将来，不同年龄的人都会发现自己的生命历程更加和谐，因为工作的工具和娱乐的工具将越来越合二为一。将有一块更好的调色板来协调爱与责任、自我表达与团体合作。

老老少少的计算机黑客们就是最好的例子。他们设计的程序就好像超现实主义的绘画一样，既有高度的美感，又有卓越的技术。我们可以同时从风格与内容、意义和表现手法等不同层面，来讨论他们的作品。他们的计算机程序表现了一种新美学。这些黑客们正是新电子表现主义的先驱。

音乐的推动力

事实证明，音乐是计算机科学形成过程中最重要的推动力之一。

我们可以从三个非常有力而又相互补充的方面来探讨音乐问题。首先是数字信号的处理——比方说极难解决的声音分隔问题(例如在录下的音乐中抹去可乐罐落地的杂音)。我们也可以从音乐的认知角度进行探讨——如何诠释音乐语言、音乐欣赏的构成要素有哪些、情绪从何而来？最后，我们可以把音乐当成一种艺术表现和叙事手段——叙述一个故事，激发一些情感。所有这三个方面当仁不让，都非常重要，它们使音乐成为完美的知性领域，让我们能优雅地穿行于技术与表现、科学与艺术、个人世界与公众世界之间。

假如你问挤满整个礼堂的计算机系学生，他们当中有多少人会乐器，或有多少人认为自己爱好音乐，绝大多数人都会举起手来。数学和音乐之间传统的亲密关系现在惊人地表现在计算机科学界和计算机黑客群体之中。媒体实验室由于研究音乐而吸引了一批出类拔萃的计算机系学生。

美术和音乐这种儿时的嗜好，能够让孩子以全面的眼光来观察和探索迄今为止还是以单一方式呈现在他们面前的浩瀚的知识世界。但是父母和社会往往有意无意地阻挠孩子发展这方面的兴趣，或让孩子只把美术和音乐当成学业攀登中缓解压力的手段。我上学时很讨厌历史课，但却能说出美术和建筑史上所有重要的里程碑和它们的年代，而对政治事件和战争的年代我却怎么也记不住。儿子受我的遗传，也有诵读障碍，但却能津津有味地把有关高空冲浪和滑雪的杂志一字不落地看完。对有些人而言，音乐可能正是研究数学、学习物理和了解人类学的最佳途径。

说完了上面这些，转过头来，我们究竟如何学习音乐呢？整个 19 世纪和 20 世纪的初叶，在学校练习乐器是很普遍的现象。后来，录音技术的发展阻止了这一潮流。直到最近，才有些学校重新让学生从制作音乐中来学习音乐，而不只是靠听音乐来学习。让幼小的孩子利用计算机学习音乐有很大的好处，因为计算机能提供五花八门的入门途径。计算机不会限制有天分的孩子接触音乐的机会。孩子可以借助各种不同的方式，通过计算机来体验音乐，音乐游戏、声音数据磁带和本身可控制的数字声音，只是其中的几个例子而已。视觉感奇佳的孩子，甚至还会希望发明出看见音乐的方法。

电子艺术

计算机和艺术第一次碰面时，会给双方都带来恶果。其中一个原因是机器的印记太强烈了，在全息艺术或立体电影中，计算机的表现往往压过了艺术原来意欲表达的内涵。科技就好像法国调料酱中的胡椒一样，计算机味道太强的结果，反而喧宾夺主，掩盖了艺术表现中最微妙的信号。

毫不奇怪，在音乐和表演艺术中，计算机和艺术表现得最为相得益彰。因为在这两个领域中，艺术作品的表现、传播和体验都能在技术上很容易地融合在一起。作曲家、表演者和观众都可以进行数字控制，如果荷比·汉考克（Herbie Hancock）在互联网络上推出他的下一部作品，那就好比在一个拥有 2000 万个座位的剧场中演奏，而且每位听众都可以根据自己的情况改变音乐的表现。对有些人而言，只要单纯调节音量就可以了。有些人则可能把音乐转换成卡拉 OK。其他人甚至会调整它的配器。

数字化高速公路将使“已经完成、不可更改的艺术作品”的说法成为过去时。在蒙娜丽莎（Mona Lisa）脸上画胡子只不过是孩童的游戏罢了。在互联网络上，我们将能看到许多人在“据说已经完成”的各种作品上，进行各种数字化操作，将作品改头换面，而且，这不尽然是坏事。

我们已经进入了一个艺术表现方式得以更生动和更具参与性的新时代，我们将有机会以截然不同的方式，来传播和体验丰富的感官信号。这种新方式不同于读一页书，也比到卢浮宫（Louvre）实地游览更容易做到。互联网络将成为全世界艺术家展示作品的全球最大的美术馆，同时也是直接把艺术作品传播给人们的最佳工具。

当数字化艺术家提供了改编作品的手段时，他们同时也开创了数字化艺术发展的大好契机。尽管这种做法似乎把重要的艺术作品全然世俗化了——就好像把斯泰肯（Edward Steichen）[1]的所有照片都印到明信片上，或是把瓦霍尔（Andy Warhol）[2]的所有作品都变成装饰艺术一样。关键是，数字化使我们得以传达艺术形成的过程，而不只是展现最后的成品。这一过程可能是单一心灵的迷狂幻想、许多人的集体想象或是革命团体的共同梦想。

离经叛道者的沙龙

媒体实验室最初的想法是把人性化界面和人工智能的研究，带往新的方向。这种新的方向是指通过信息系统的内容、消费性应用的需求和艺术思维的本质来塑造人性化界面和人工智能。我们向广播电视、出版和计算机界大力推销这一想法，因为它将影像的感官丰富性、出版的信息深度，以及计算机的内在互动性集于一炉。这个概念今天听起来十分合乎逻辑，但当时在众人眼中却愚不可及。根据《纽约时报》的报道，麻省理工学院一位不愿透露姓名的资深教授认为，所有和这个项目有关的人都是“江湖骗子”。

媒体实验室坐落在一栋由著名建筑师贝聿铭所设计的建筑中（设计时间是在华盛顿国家美术馆的延伸建筑之后，以及在巴黎卢浮宫的金字塔之前）。我们花了 7 年左右的时间来筹募财源、修建大楼和延揽人才。

---

[1] 爱德华·斯泰肯（1879—1973），美国摄影艺术的先驱。

[2] 安迪·瓦霍尔（1928—1987）美国画家，20 世纪 60 年代大众艺术运动领导人物。

就像1863年巴黎艺术界的当权派拒绝让印象派画家参与正式的美术展一样，媒体实验室的这群被正统人士拒之门外的始创研究人员也就自立门户，成立了自己的"落选者沙龙"（Salon des Refusés）。这些人中有些在学术界眼中太过激进，有些人的研究不见容于自己的系所，有些人则根本无处容身。除了魏思纳和我以外，这一群人还包括了一位电影制作人、一位图形设计师、一位作曲家、一位物理学家、两位数学家和一群在这之前的几年中发明了多媒体的研究人员。

我们在20世纪80年代初聚集到一起，形成了计算机科学界的一支非主流文化。当时的计算机界仍然是程序设计语言、操作系统、网络通信协议和系统结构的天下。维系我们的并不是共同的学术背景，而是一致的信念：我们都相信，随着计算机日益普及而变得无所不在，它将戏剧性地改变和影响我们的生活品质，不但会改变科学发展的面貌，而且还会影响我们生活的每一个方面。

我们这群人的结合可谓占尽天时，因为当时，个人计算机已经诞生，用户界面开始受到重视，电信工业也解除了管制。报纸、杂志、书籍、电影厂和电视台的拥有者和经营者都开始自问：未来将以何种面貌出现。两位聪明的媒介巨擘，时代—华纳的史蒂夫·罗斯（Steve Ross）和迪克·门罗（Dick Munro）凭直觉预见到数字化时代的来临。而投资麻省理工学院的一个疯狂的新项目，对他们来说，用不着下多大的本钱。于是，我们很快就发展成一个拥有300人的研究机构。

今天，媒体实验室已经成为主流，而互联网络上的冲浪好手则成了在街头游荡的疯孩子。数字一族的行动已经超越了多媒体，正逐渐创造出一种真正的生活方式，而不仅仅是知识分子的故作姿态。这些网上好手结缘于计算机空间。他们自称为比特族（bitnik）或计算机族（cybraian），他们的社交圈子是整个地球。今天，他们才代表了落选者沙龙，但他们聚会的地方不是巴黎的咖啡厅，也不是位于坎布里奇（Cambridge）[3]的贝聿铭建筑。他们的沙龙是在“网”上的某个地方。

这就是数字化生存。

[3] 美国马萨诸塞州东部城市，麻省理工学院所在地。

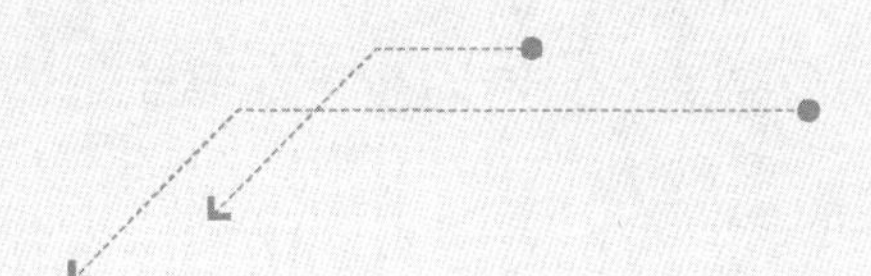

结语：

乐观的年代

b e i n g   d i g i t a l

数字化生存的四大特征

我天性乐观。然而，每一种技术或科学的馈赠都有其黑暗面。数字化生存也不例外。

未来10年中，我们将会看到知识产权被滥用，隐私权也受到侵犯。我们会亲身体验到数字化生存造成的文化破坏，以及软件盗版和数据窃取等现象。最糟糕的是，我们将目睹全自动化系统剥夺许多人的工作机会，就像过去工厂被改头换面一样，很快地，白领阶层的工作场所也会全然改观。工作上的终身雇佣观念已经开始消失。

随着我们越来越少地使用原子而越来越多地使用比特，就业市场的本质将发生巨变。这一变革发生的时间，恰好与印度和中国的20多亿劳动大军开始上网的时间同步（这一点毫不夸张）。美国皮奥里亚（Peoria）的个体软件设计人员，面对的竞争对手可能在韩国浦项（Pohang）。马德里（Madrid）的数字排版工人也会直接面对来自印度马德拉斯（Madras）的竞争。美国公司已经开始在硬件发展和软件生产两方面到俄罗斯和印度进行“外购”（outsourcing）了，这样做不是为了寻找廉价劳工，而是要网罗愿意比本国人更勤奋地工作、更有效率、也更守纪律的高级技术人才。

当工商业越来越全球化、互联网络也不断壮大时，完全数字化的办公室也将出现。早在政治走向和谐、关贸总协定谈判就原子的关税和贸易（在加利福尼亚州销售依云矿泉水的权利）达成协议之前，比特就已经变得没有国界，比特的存储和运用都完全不受地理的限制。事实上，在数字化未来中，时区可能要比贸易区扮演更重要的角色。我可以想象，有些软件计划将会 24 小时不停地在全世界接力开发，从东方到西方，从一个人手上传到另一个人手上，或是由一个小组交接给另一个小组，当其他人进入梦乡时，会有人接着干。微软公司将需要在伦敦和东京设立办事处，以便三班倒加速开发软件。

当我们日益向数字化世界迈进时，会有一群人的权利被剥夺，或者说，他们感到自己的权利被剥夺了。如果一位 50 岁的炼钢工人丢了饭碗，和他那 25 岁的儿子不同的是，他也许完全缺乏对数字化世界的适应能力。而在今天假如有位秘书丢掉了工作，至少他还熟悉数字化世界，因此拥有可以转换的工作技能。

比特不能吃，在这个意义上比特无法解除饥饿。计算机没有道德观念，因此也解决不了像生存和死亡的权利这类错综复杂的问题。但是不管怎样，数字化生存的确给了我们乐观的理由。我们无法否定数字化时代的存在，也无法阻止数字化时代的前进，就像我们无法对抗大自然的力量一样。数字化生存有四个强有力的特质，将会为其带来最后的胜利。

这四个特质是：分散权力、全球化、追求和谐和赋予权力。

沙皇退位，个人抬头

对数字化生存带来的分权效应，感受最深的莫过于商业及计算机业自身。所谓的“管理信息系统”（Management Information System，MIS）沙皇，过去总是高坐在开着冷气、用玻璃隔着的阴森森的房间里发号施令，如今却披上了皇帝的新衣，几乎销声匿迹。少数人之所以还能苟延残喘，经常是因为他们的级别太高，无人能炒他们的鱿鱼，公司董事会不是与外界脱节，就是在睡大觉，也可能两样全占。

看看“思考机器公司”（Thinking Machines Corporation）的例子。这家由电子工程天才丹尼·希利斯（Danny Hillis）一手创办的伟大而富于想象力的超级计算机公司，只存在了 10 年就寿终正寝。在短短的 10 年里，思考机器公司向全世界推出了大规模并行处理（parallel）的计算机架构。它的衰落不是由于它所谓的“连接机器”（Connection Machine）管理不当和工程失误造成的。思考机器公司之所以化为泡影，是因为并行处理可以被分开来做；同样的大规模并行处理的体系结构，突然之间已经由于低成本、批量生产的个人计算机的相互连接而成为可能[1]。

虽然这对思考机器公司来说，不是什么好消息，但它对我们所有人而言，无论从表面上还是深刻的寓意上，都是一条重要的信息。因为这意味着未来的企业，只要在内部普及个人计算机，并且在需要的时候，把这些计算机连接起来共同处理计算消耗较大的问题，它就可

[1] 传统的计算机由单一处理器依序处理每一条指令，并行计算机则依靠许多处理器之间的联结和互动，而并行处理指令。庞大的“连接机器”中就包含了 65563 个处理器。

以用一种新的、可升级的方式满足自身的计算机需求。计算机确实既可以为个人服务，也可以为群体服务。我看到同样的分权心态正逐渐弥漫于整个社会之中，这是由于数字化世界的年轻公民的影响所致。传统的中央集权的生活观念将成为明日黄花。

民族国家本身也将遭受巨大冲击，并迈向全球化。50 年后的政府一方面变得更庞大，一方面则变得更渺小。欧洲发现自己正分裂为一个个更小的种族实体，与此同时，它却试图在经济上联合起来。民族主义的力量很容易让我们对任何世界一体化的大的努力都嗤之以鼻。但是，在数字化世界里，过去不可能的解决方案都将变成可能。

今天，当全球 20%的人口消耗掉 80%的资源，当 1/4 的人类能享受到不错的生活水准，而其余 3/4 的人还过着贫困的生活时，我们怎么可能轻易消除这巨大的鸿沟呢？当政治家们还在背负着历史的包袱沉重前行，新的一代正在从数字化的环境中脱颖而出，完全摆脱了许多传统的偏见。过去，地理位置相近是友谊、合作、游戏和邻里关系等一切的基础，而现在的孩子们则完全不受地理的束缚。数字科技可以变成一股把人们吸引到一个更和谐的世界之中的自然动力。

新的希望和尊严

数字化生存的和谐效应已经变得很明显了：过去泾渭分明的学科和你争我斗的企业都开始以合作取代竞争。一种前所未见的共同语诞生了，人们因此跨越国界，互相了解。今天在学校里上学的孩子，都有机会从许多不同的角度，来看待同一件事情。例如，你可以把计算机程序看成一组计算机指令，同时还可以把它当作由程序的文字缩排而成的诗篇。这些孩子很快就领会到，了解一个程序，意味着从许多不同的角度来了解，而不是仅仅从一个角度出发。

但是我的乐观主义更主要地是来自数字化生存的“赋权”本质。数字化生存之所以能让我们的未来不同于现在，完全是因为它容易进入、具备流动性以及引发变迁的能力。今天，信息高速公路也许还大多是天花乱坠的宣传，但是，如果要描绘明天的话，它又太软弱无力了。数字化的未来将超越人们最大胆的预测。当孩子们霸占了全球信息资源，并且发现，只有成人需要见习执照时，我们必须在前所未有的地方，找到新的希望和尊严。

我不是因为预见了一个新的发明或发现，而激发出乐观的情绪。发现治疗癌症和艾滋病的方法，找到控制人口增长的可行途径，乃至造出一种能吸进我们的空气，喝进我们的海水，再以无污染的方式将空气与水排出来的机器人，这些都是我们的梦想，有可能实现，也有可能随风消散。

然而，数字化生存却完全不同。我们不必苦苦守候任何发明。它就在此地，就在此时。它几乎具备了遗传性，因为人类的每一代都会比上一代更加数字化。

这种控制数字化未来的比特，比以往任何时候都更多地掌握在年轻一代的手中。而这比其他任何的一切，都更令我快乐。

后记

你还不相信有指数增长这回事吗？！

目前，环球网的网址每 15 天就增加 1 倍，每隔 4 分钟就出现一个新的主页（home page）。自从《数字化生存》的英文版精装本推出以来，短短的时间内，我已经可以自由自在地使用这些互联网络的词汇，因为每个人都知道一大堆关于互联网络的事情，尽管真正了解的人仍然寥寥无几。有人批评我，应该在书中多作一点解释。就让我借这个机会稍作补偿吧。

1963 年，一个名叫拉里·罗伯茨（Larry Roberts）的人设计了互联网络。注意，我在本书中从来不曾提过他的名字，这确实是我的疏漏。当时在美国高级研究计划署主持计算机研究计划的苏泽兰（在本书中，他的名字出现了 4 次）邀请罗伯茨到华盛顿去。他们把这个网络设计成一个绝不会失误的信息传递系统，以包切换方式传输信息，当时称之为 ARPA 网（ARPAnet）。我们在书里曾经讨论过信息包，但是没有说清楚的是，一个个信息包各自独立，其中包含了大量的信息，每个信息包都可以经由不同的传输路径，从甲地传送到乙地。现在，假定我要从波士顿把这段文字传到旧金山（San Francisco）给你。每个信息包（假定包含了 10 个字母、信息包的序列号码、再加上你的姓名和地址）基本上都可以采取不同的路径，有的经由丹佛（Denver），有的经由芝加哥（Chicago），有的经过达拉斯（Dallas），等等。假设当信息包在旧金山依序排列时，却发现 6 号信息包不见了。6 号包究竟出了什么事？

军方拨款资助 ARPA 网络的时候，正值冷战高峰。核战争的威胁令大家忧心忡忡。因此，假设 6 号信息包经过明尼阿波利斯（Minneapolis）的时候，敌人的飞弹恰好落在这个城市。6 号信息包因此不见了。其他的信息包一确定它不见了，就会要求波士顿重新传送一次（这次不再经过明尼阿波利斯了）。

也就是说，因为我总是有办法找到可用的传输路径，假如要阻止我把信息传送给你，敌人必须先扫荡大半个美国。没错，在寻找可用的传输路径时（假如越来越多的城市被敌人摧毁），系统的速度就会减慢，但是系统不会灭亡。了解这个道理非常重要，因为正是这种分散式体系结构令互联网络能像今天这样三头六臂。无论是通过法律还是炸弹，政客都没有办法控制这个网络。信息还是传送出去了，不是经由这条路，就是走另外一条路出去。

互联网络的快速发展，令每个人都大吃一惊。假如你是个网上老手，经常抱怨这个网络速度太慢，别忘了，很多国家是靠着窄带的信道与互联网络搭上线的。这些网络的带宽会很快地加宽，系统的表现也会越来越好。在这段时间，当上网人数增加的速度比电信基础设施建设改进的速度还快时，网络的速度偶尔会变慢。但是请放心，网络不会崩溃，只是会慢下来罢了。

有人在偷听吗?

唯一的危险来自想要控制网络的政府和政客。全世界都有人高举着为儿童净化网络的旗帜，试图检查网络通信的内容。更糟的是，包括美国在内，不少国家希望能确实找到办法来“窃听”网上信息。假如这还不足以令你毛骨悚然的话，你最好警醒一点。假如网络没有办法提供最佳的安全和隐私权保障，那么将会出现一个严重的失误。正因为数字化的本质，数字世界应该比模拟世界安全得多，但是前提是我们必须想把它变得安全，我们必须有意识地塑造一个安全的数字化环境。

不错，毒贩、恐怖分子、色情小说作家也会利用互联网络。但是，想想看，这些坏人比你我都要装备齐全，更有办法以加密（encryption）通信的方式，骗过政府。所以，美国的出口法（export laws）[1]和其他法律都很愚蠢，假如你禁止输出密码术（cryptography），那么唯有罪犯才会使用密码（cipher）。结果，你不但不能保护一般大众，反而置大众于更危险的境地之中。华盛顿诸公，想清楚一点吧！

我们可以从三个角度来看隐私权的问题。第一，当我传送信息给你的时候，你希望知道信息的确是我传给你的。第二，当信息在我们之间往返时，你不希望被任何人窃听。第三，一旦信息已经在你桌上了，你不希望有人擅自闯进来阅读信息（例如，当你正在网上忙其他事情的时候）。这三种情况都很重要。假如做不到的话，都会带来麻烦。我们在计算机空间（这个名词在本书中只出现了一次）中也必须保有隐私权。

---

[1] 美国的出口法规定，加密技术被视同于军火，像毒刺式导弹或钚一样，在没有得到许可的情况下不得向海外输出。

垂死的鱼

“比特和原子”这个主题十分打动人心。比较过去和现在从来都很管用。1995 年 2 月，由于涉嫌幕后策划纽约世界贸易中心爆炸案的拉姆齐·优素福（Ramzi Yousef）被引渡回国，有一位巴基斯坦籍的伊斯兰教传教士也要求美国政府让他们引渡麦当娜和迈克尔·杰克逊（Michael Jackson）[2]到德黑兰去，接受违反伊斯兰教基本教义律令的审判。美国国务院根本不把这个要求当一回事，在报纸上看到这条短短消息的读者也一笑置之。

一个月后发生了一件事。加利福尼亚州米尔皮塔斯（Milpitas）的托马斯夫妇没有招惹任何人，完全遵守社区道德标准和当地法律，循规蹈矩地经营一个电子公告牌。有一天，田纳西州（Tennessee）的一个邮政人员和他们的电子公告牌连上了线，而且不喜欢他在上面看到的东西。这对加州夫妇被控违反田纳西州的法律，因此受审并被判刑。他们被成功地引渡到田纳西州去。

当我为《数字化生存》的英文版精装本作巡回旅行宣传的时候，我在密执安州（Michigan）的安阿伯（Ann Arbor）拜访了一家书店。出乎我意料的是，几天前被捕的 21 岁的密执安大学学生杰克·贝克（Jake Baker）的父母也在场。

贝克在 alt. sex[3]新闻组（newsgroup）中公布了一个虚构的故事（我

---

[2] 迈克尔·杰克逊，美国著名摇滚歌星。

[3] 互联网络上有关性的种种话题的一个新闻组。

从来没有访问过这个地址，也不清楚该怎样与之建立联系），有个住在莫尔斯科的家伙读了这篇文章，而且很讨厌它（别问我他当时在 alt. sex 里干什么，这就好像一个人自己走进了阿姆斯特丹性商店的漆黑店里，却觉得受到侵犯）。遗憾的是，这位俄罗斯读者恰好是密执安大学的校友，他的不满导致贝克在深夜 11 点钟遭到逮捕。结果贝克被丢进监牢里，一个月不准保释，眼镜也被没收了。且慢，我以为我们美国人不会做这种事情。

我们之所以这么做，是因为这个年轻人犯了错，他用了一位女士的真名，因此他的行为被视为深具威胁性，而被极端而荒谬地处以不准保释（及交还眼镜）的监禁。法官埃文 • 科恩（Avern Cohn）在 1995 年 6 月 21 日驳回了这个案子，贝克的故事被形容为“只不过是篇有点野蛮而没有品味的小说罢了”。

当我听到这件事时，我觉得我们的法律就仿佛在甲板上吧嗒吧嗒挣扎的鱼一样。这些垂死挣扎的鱼拼命喘着气，因为数字世界是个截然不同的地方。大多数的法律都是为了原子的世界而不是比特的世界而制定的，我猜对我们而言，法律是个警示信号。计算机空间的法律中，没有国家法律的容身之处。计算机空间究竟在哪里呢？假如你不喜欢美国的银行法，那么就把机器设在美国境外的小岛上。你不喜欢美国的著作权法？把机器设在中国就是了。计算机空间的法律是世界性的，既然我们连汽车零件贸易都没有办法和各国达成协议，要处理计算机法律更谈何容易。

挥发的民族国家

就好像樟脑丸会从固态直接挥发一样，我料想在一些全球性的计算机国度掌握了政治领空之前，民族国家根本不需要经过一场混乱，就已经消逝无踪。毋庸置疑，民族国家的角色将会有戏剧性的转变，未来，民族主义不会比天花有更多的生存空间。

今天，每个国家的规模都不对，既不是小得足以本土化，又不是大得足以全球化。过去，邻里的意义完全由地理位置接近与否来决定，你在一个国家的边境行走时，很可能因为越界而被射杀。河流、海洋，甚至石墙形成了边界。尽管城市的界线不分明，但是城市的尽头究竟在什么地方，似乎总是不证自明的。

也因为这种不证自明的情况．而形成了某种形式的地方自治。我们的整个历史都与空间和地方、几何和地理有关。无论冲突起源于宗教、经济或其他非物理因素，战斗的地区却绝对和物质相关。赢家暂时建立了王国，输家可能销声匿迹。国家是非常物质取向的战利品。

计算机空间则不然。每个机器之间的距离都一样，除了地球本身的范畴之外，计算机空间完全没有物理边界。正如媒体一方面变得越来越大，另一方面又变得越来越小，就整个世界的管理而言，情况也如出一辙。

这些现象都不会在一夜之间发生，但是有迹象显示，在有些社会里，这些现象发生的速度要比其他社会快得多。我的意思不是指物理的社会，而是像金融界、学术界这样的社会，它们目前在全球化和计算机联网上，都拔得头筹。事实上，今天全球金融界是唯一可以不受美国出口法密码术管制的社群。你最近还听说过有人把金条运来运去吗？

数字世界全球化的特质将会逐渐腐蚀过去的边界。有人感到深受威胁，我则欢欣鼓舞。

不再需要背井离乡

20 年前，我和妻子就在一个希腊小岛上买了房子，岛上的药剂师有一天向我透露，他很担心他 13 岁的儿子那么沉迷于计算机。这位当爸爸的深深感到苦恼，因为他相信，假如他儿子学会了计算机，在这个岛上根本找不到可以做的工作，于是就会像过去几年许多希腊人一样，为了寻找出路而背井离乡。

我很难向他解释，在他儿子的许多兴趣当中，对计算机的兴趣其实最有可能把他留在家乡。越来越多的创业者在互联网络上建立了“全球性的家庭工业”。这听起来有点似是而非，其实不然。

在过去，如果你想要创立跨国性企业，就必须造就庞大的规模，在世界各地广设办事处。由此，不但能够处理公司的比特，适应当地的法律、习俗，还能控制产品的流通。今天，由于有了互联网络，分处三地的三个人也能组成一家公司，打入全球市场。

随着白领阶层逐渐被自动化设备取代，越来越多的人会受雇于自己，同时，也会有许多公司开始外购，以完成他们的工作。这两种趋势都指向相同的方向。到 2020 年，发达国家中最大的一群雇主将会是“自己”，你敢打赌吗？

对我而言，观察翻译成 30 种语言的《数字化生存》在各国被接受的不同程度，是很有趣的一件事。在有些地方，例如法国，这本书与当地的文化制度格格不入，因此似乎比依云矿泉水还显得淡而无味。在其他国家，例如意大利，这本书则广受欢迎，引起热烈讨论。然而，最令我快乐的事情，不是这本书又上了哪里的畅销书排行榜，而是这一年涌来的几千封电子邮件。年纪比较大的人感谢我描绘了他们的孩子正在做或以后将要做的事情。年轻人则感谢我的热情投入。但是最令我感到满意和成功的，却是我那 79 岁的老妈妈现在每天都传送电子邮件给我。

尼古拉·尼葛洛庞帝

1995 年 10 月于希腊帕特摩岛

（本文为本书作者特别为《数字化生存》英文版平装本的出版而补写的后记。）

致 谢

1976 年，我向国家人文科学基金（National Endowment of the Humanities）提交了一份关于开发一种随机存取的多媒体系统的项目建议书，这一系统将使用户能够和已经去世的著名艺术家进行对话。当时的麻省理工学院院长杰罗姆·B·魏思纳博士审阅了这份异想天开的建议，因为项目所要求的资金规模需要有他的签名认可。他非但没有把这份建议书视为书生的疯狂之举而置之不理，反而答应帮助我。他知道我要做的事情已经大大超出我的本职专业——自然语言处理——的范围之外。

一段伟大的友谊开始了。我开始在光碟上进行研究（当时的光碟还是那种非常模拟化的），魏思纳则敦促我开发出更成熟的语言，并把更多的精力投入对艺术的研究。到 1979 年的时候，我们经过讨论，决定和 MIT 公司一起建立媒体实验室。

在接下来的 5 年中，我和魏思纳每年都一起旅行上万英里，有时一个月里我们在一起的时间比各自与家人在一起的时间还要长。通过旅行，我有机会从魏思纳身上学到很多，并且从他和他的那些才华出众而且赫赫有名的朋友眼中了解世界。这对我来说意味着一种终生受用不尽的教育。媒体实验室成了全世界的，因为魏思纳是全世界的。媒体实验室对艺术和科学同等重视，因为魏思纳就是如此。

魏思纳逝世于这本书完稿一个月以前。直到他临终前的最后那些日子里，他仍然乐于和我谈论关于“数字化生存”的问题以及他对这一问题所持的审慎的乐观。他对互联网络使用不当的问题深感担忧，因为互联网络正在得到更广泛的普及。他也对数字化时代的失业问题表示忧虑，因为大量的工作机会丧失了，而新创造的工作机会又很少。但他最终总还是回到乐观的一面，即使在他的身体每况愈下、健康状况已不容乐观的时候也是如此。他谢世的时间是 1994 年 10 月 21 日，星期五。这一天标志着我们的肩头担起了新的责任，我们要像他当初为我们所做的那样，为年轻人开道。杰里[1]，我们会竭尽全力追随你。

媒体实验室的创立与另外三个伟大的人物密不可分。他们每人都教会了我许多，在此我要特别向他们表示感谢。他们是：马文 • L • 明斯基，西摩尔 • A • 派普特和穆蕾尔 • R • 库珀（Muriel R．Cooper）。

马文是我认识的最聪明的人。他具有难以描述的幽默感，被一些人尊为仍然在世的最重要的计算机科学家。他喜欢引用塞缪尔 • 格德温（Samuel Goldwyn）[2]的话：“别去理会那些批评。更不要无视它们。”

西摩尔早年在日内瓦追随心理学家让 • 皮亚杰（Jean Piaget）[3]，随后

---

[1] 杰罗姆的爱称。

[2] 塞缪尔 • 格德温（1882—1974），波兰出生的美国电影制片人，米高梅电影公司的合伙人，出言粗俗而锋利。

[3] 让 • 皮亚杰（1896—1980），瑞士心理学家，日内瓦心理学派创始人，提出“发生认识论”。

很快与明斯基共同担任了麻省理工学院人工智能实验室的主任。就像西摩尔所说的："如果你不去思考一件事，你就无法思考清楚什么叫做思考。"

穆蕾尔·库珀提供了媒体实验室成功之谜的第三部分：艺术。她是媒体实验室最出色的设计骨干。她检视了个人计算中一些最常用的操作前提，例如视窗，把这些前提加以分解，提出各种质疑，进行各种实验，提供了各种选择的蓝本。1994 年 5 月 26 日，她猝然而逝，撒手人寰。这一悲剧给媒体实验室造成了难以弥补的损失，并给我们所有人的心灵带来了巨大的创伤。

媒体实验室的一部分是由早先的建筑机械研究组（Architectare Machine Group，1968—1982）[4]脱胎而来的。我在与这个小组的一些核心人员共事的过程中受益良多。我万分感谢安迪·利浦曼（Andy Lippman)，他每天都能想出 5 种可以申请专利的点子，可能我这本书中的许多思想都是从他那里来的。他比任何人都更精通数字电视。

我还要感谢理查德·A·波尔特、沃尔特·本德以及克里斯朵夫·M·施曼特的远见。他们都是媒体实验室的先驱。那个时候我们只有两个小实验室、六间办公室和一个壁柜。那些年也是我们被称为"江湖骗子"的时期。但正因如此，它也是我们的黄金时期。是金子总会发光的。

海军研究署（Office of Naval Research）的马文·戴尼科夫（Marvin Denicoff）之于计算机科学，就如同美第奇家族（the Medicis）[5]之于文

[4] 该研究小组是一个实验室和思想仓库的集合，提出了许多开创性的人机界面方法。

[5] 文艺复兴时期意大利佛罗伦萨望族，以保护艺术而闻名。

艺复兴艺术一样。他给那些有大胆想法的人提供资助。他本人是位剧作家，由于他的影响，我们很早就把互动式电影纳入研究范围，否则的话，它还不知将被遗忘多久。

与戴尼科夫同级但更年轻的克瑞格·费尔兹供职于国防部高级研究计划署。他注意到美国几乎没有消费电子业，于是大胆地提出了计算机电视的想法。由于悍然不顾美国政府当时的产业政策（或者说，政府当时根本就缺乏明确的产业政策），克瑞格的提议可谓一石激起千层浪。他自己因此丢了工作。但在那些年中，克瑞格资助了大量研究，正是这些研究带我们进入了今天称为多媒体的领域。

20 世纪 80 年代初期，我们转向私有机构寻求资助。大家都知道我们当时要建一座楼，这座楼后来被命名为魏思纳楼，它是一处价值为 5000 万美元的设施。由于阿曼德·巴尔多和塞莱斯特·巴尔多（Armand and Celeste Bartos）的慷慨解囊，这幢大楼得以开工和完工，媒体实验室终于梦想成真。与此同时，我们开始结交新的企业界朋友。

这些新朋友中的大部分是从未和麻省理工学院打过交道的节目供应商，但他们（在 20 世纪 80 年代初的那个时候）已经感到技术将主宰他们的未来。这些朋友中唯一不是节目供应商的是小岛博士（Dr. Koji Kobayashi），当时他是 NEC 公司的董事长和首席执行官。由于他最早为我们提供资助，并对计算机和通信业充满信心，许多日本公司很快纷纷效仿他的做法。

在发展我们今天所拥有的这 75 家赞助商的过程中，我结识了许多人，都是非常有个性的人。如今媒体实验室的学生比我知道的任何其他一群学生都有机会和更多的首席执行官“侃大山”。我们从所有这些客人身上学习，但其中的3位尤其卓而不群：苹果计算机公司前首席执行官约翰·斯卡利、新闻电子数据公司（News Electronic Data）首席执行官约翰·伊文斯（John Evans）和美国信息互换标准代码公司（ASCII Corp.）首席执行官西胜彦（Kazuhiko Nishi）。

此外，我特别要感谢苹果计算机公司的阿伦·凯伊和贝尔科公司的罗伯特·W·拉基。我们三人都是文官委员会（Civil Service Commission，CSC）尖刀组的成员，我在这本书中的许多思想都受了他们的远见的启发，可以说没有他们，这些思想就不会成型。凯伊提醒我："眼光相当于50分智商。"拉基则是第一个向我提出这种问题的人："一个比特真的是一个比特吗？"

实验室并不是只建立在点子上的。我对媒体实验室行政与财务副主任罗伯特·P·格林（Robert P. Greene）感激不尽。我们在一起共事了12年，我能不间断地旅行、亲自去试验各种新的研究方法，是因为格林是一个完全把自己奉献给工作的人，他同时也赢得了媒体实验室和学院行政部门所有同事的完全信赖。

在教学前沿，斯蒂芬·A·本顿把一个他接管时已经杂草丛生的学术单位整饬一新，而且形成了自己的风格，直到去年[6]7月他把这一职位传给了他的接替者惠特曼·理查兹（Whitman Richards）。

维多利亚·威斯罗浦洛（Victoria Vasillopulos）掌管着我的办公室，也掌管着我。无论在学院内外、在家中、在工作场合，莫不如此。本书

[6] 1994年。

揭示数字化生活将使家庭和办公室、工作和娱乐融为一体。确实是这样。维多利亚可以证明这一点。真正具有智能的计算机代理人离现实还很遥远，所以有一个出色的人来代理这些事就很重要了（也很难做到）。当我为了写书而溜号时，维多利亚的任务就是不让任何人有所察觉。靠了她的助手苏珊·墨菲—波塔瑞（Susan Murphy-Bottari）和范莉斯·纳波里塔诺（Felice Napolitano）的帮助，几乎没有人发现我失踪了。

在这本书的出版过程中，我还要向另外一些人表示感谢。最重要的一个人是凯茜·罗宾斯（Kathy Robbins），她是我在纽约的出版代理人。我们相遇在10多年前，当时我就跟她签了合约，成为她的一个“作者”。接下来的10年里我全身心扑在媒体实验室的建设上，根本无暇喘口气来考虑写书的事。凯茜具有无比的耐心，她虽然每隔一段时间就会为写书的事催促我，但态度始终那么温和。

路易斯·罗塞托和简·麦特卡尔夫（Jane Metcalfe）选择了一个极佳的时机实现了他们要为数字化世界创办一本生活方式杂志的想法。这本杂志被命名为《连线》。我的儿子迪米特里（Dimitri）在帮助我与这家杂志建立联系的过程中起了很大作用，我也心怀感激。我从来不曾开过专栏。专栏文章有些写来容易，有些则极为困难。所有这些文章都被约翰·巴苔尔（John Battelle）编辑得有趣而优美。人们给我提供了很多非常有益的信息。好评多于责难。所有的意见都很有见地。

当我找到凯茜·罗宾斯，告诉她我想把我在《连线》杂志上发表过的18篇文章编成一本书时，她的反应简直就像青蛙看到了水边的虫子、恨不能一口吞下一样。就这么定了。她接受了这个提议，在24小时之内签好了合同。她把我带到阿尔弗雷德·A·克诺夫出版社，引见给社长索尼·麦塔（Sonny Mehta）和我的责任编辑马蒂·埃希尔（Marty Asher）。马蒂刚刚知道了美国联机公司是干什么的（不错，他有两个十几岁的孩子），我们的话题就从这里开始。他的女儿帮他在家里打印材料，马蒂很快就成了数字一族。

马蒂帮我一个字一个字地推敲，一个观点一个观点地分析，把我由于诵读困难而形成的生涩文风转变成一种既犀利又准确的表达方式。有许多天的时间，马蒂和我就像学校里的孩子作学期论文一样，整夜地工作。

初稿完成之后，蒙罗斯·纽曼、盖尔·班克斯（Gail Banks）、阿伦·凯伊、杰里·鲁宾（Jerry Rubin）、西摩尔·派普特、弗雷德·班波（Fred Bamber）、迈克尔·施瑞格和麦克·霍利审阅，提出了一些中肯的意见，并指出了书中的一些错误。纽曼确保书中涉及政策和政治的描写没有任何失当之处。班克斯以一位职业书评家的眼光审阅全书，同时由于他对数字化完全是个新手，因而差不多把每一页都折角做了记号。凯伊指出了一些引用错误和明显不连贯的地方，以他素负盛名的智慧为这本书增添了光彩。派普特研究了整体结构并重组了开头部分。施瑞格（16 岁）找出了许多逃过了编辑眼睛的错误，比如一个明显的排字错误将 38400 波特打成了 34800 波特，没有谁会发现这些！班波将书中内容与现实情况加以对照。鲁宾则从表达的规范严谨与行文的飘逸优美上加以把握。霍利决定把这本书从后往前读，这（显然）也是他读乐谱的方法，能至少确保把一首乐曲的结尾弹得余韵袅袅。

最后，我还要感谢我了不起的双亲，除了爱和亲情以外，他们还给了我受用不尽的两样东西：教育和旅行。在我生活的时代里，只有移动原子才能达成理想，除此以外别无选择。21 岁时，我感到自己已经了解了世界。虽然事实并非如此，但这种想法却极大地帮助我树立起了信心，使我能无视他人的批评。对于这一点，我深怀感激。

英汉名词对照表

A

access	获取，存取
acoustic coupler	声音耦合器
address	地址
ADSL（Asymmetrical Digital Subscriber Loop）	非对称数字用户环线
agent-based interface	代理人界面
AI（Artificial Intelligence）	人工智能
air waves	无线电波
algorithm	算法
analog	模拟的
animation	动画
annotation	注解，注释
answering machine	电话应答机
antenna	天线
application	应用，应用程序，应用软件
architecture	体系机构

ARPA（Advanced Research Projects Agency）
（美国国防部）高级研究计划署

ARPAnet　ARPA 网

ASCII（American Standard Code for Information Interchange）
美国信息互换标准代码

aspect ratio　屏幕高宽比

ATM（Asynchronous Transfer Mode）
异步传输模式

ATM（Automated Teller Machine）
自动取款机

audience　受众

audio　音频，声音

automation　自动化

B

backplane　底板

bandwidth　带宽

bar code　条形码

baud　波特

Betamax　Beta 制大尺寸磁带录像系统

binary　二进制的

binocular　双目并用的

bit　比特

bitcasting　比特播放

bitnik　比特族

Bit Police，the	比特警察
bit radiation	比特的放送
bits about bits	关于比特的比特
bps（bits per second）	比特/秒
broadband	宽带
broadcast	（无线电或电视）广播
broadcaster	广播公司
broadcatching	广捕
built-in	内置的
bulletin board	（电子）公告牌
byte	字节

C

cable	电缆
cable TV	有线电视
camcorder	可携式摄像机
carbon copy	复写本，副本
carriage return	回车
cartoon	动画片，卡通
cassette	磁带
CD（Compact Disc）	光盘
CD player	激光唱机
CD-ROM	光盘只读存储器，只读光盘
CD-ROM drive	光盘驱动器
cell	单元

cellular telephone	移动电话
censorship	检查制度
channel	信道，频道
character	字符
chip	芯片
Cinemascope	电影宽银幕系统
Cinerama	全景电影系统
cipher	密码
closed-captioned television	闭路字幕电视
closed system	封闭系统
coaxial cable	同轴电缆
code	代码
command	命令
commingled bits	混合的比特
communication	通信
computer graphics	计算机制图
compter-TV	计算机电视
computing	计算
configuration	设置
content	节目内容
control	控制
control character	控制符
convert	转换
copper wire	铜线
copy	复制，拷贝

copyright	著作权
cordless telephone	无绳电话
CRT（cathode ray tube）	阴极射线管
cryptography	密码术
cursor	光标
cybraian	计算机族
cyberspace	计算机空间

D

DAT（Digital Audio Tape）	数字录音带
data	数据
database	数据库
datacasting	数据播放
data compression	数据压缩
data tablet	数据板
decode	解码
decoder	解码器
decompression	解压
dedicated line	专用线
delegation	授权
delivery	发送，传输
demodulate	解调
density	密度
desktop	桌上型计算机
diagonal	对角线

diagram	图表
digital	数字的
digital convergence	数字融合
digital television	数字电视
digitizer	数字转换器
dimension	维
direct-broadcast satellite television system	直播卫星电视系统
discrete	不连续的
dish	碟形卫星天线
display	显示，显示器
distribution	发送，发行
documentary	纪录片
document	文件
downloading	下载
duplication	复制

E

electron	电子
electronic game	电子游戏
E-mail（electronic mail）	电子邮递，电子邮件
encode	编码
ergonomics	工效学
error correction	纠错
ether	以太

expert system	专家系统
eye tracker	眼球跟踪器

F

fax	传真
facsimile machine	传真机
FCC（Federal Communications Commission）	（美国）联邦通信委员会
feedback	反馈
fiber	光纤
fidelity	逼真度，保真度
field	扫描场
file	文档
flat-panel display	平面显示器
flight simulation	飞行模拟
flight simulator	飞行模拟器
flying spot scanner	飞点扫描器
font	字型
footage	电影胶片
force-feedback	强力反馈
formless data	不具特定形式的数据
frame	帧，画面
frame rate	帧频
frenquency	频率

G

gateway 网关

goggle 护目镜

graphic 图形

grid 网格

GUI（Graphical User Interface）
图形用户界面

H

hacker 黑客

handset 电话听筒

hand shaking 握手

hard copy 硬拷贝

hard disc 硬盘

hardware 硬件

HD MAC （欧洲研制的高清晰度电视系统）
HD MAC 电视系统

headend 数据转发器

header 标题，报头

helmet 头盔

hertz（Hz） 赫兹

heterogeneous 异类的

HDTV（High-Definition TV）
高清晰度电视

Hi-Vision （日本研制的高清晰度电视系统）

它们付出的高昂代价就是，当这些年轻人升入大学的时候，他们已经跟死人差不多了。之后的 4 年，他们觉得自己就好像刚刚跑完马拉松只剩下一口气时却还被逼着参加攀岩一样。

20 世纪 60 年代，大多数计算机和教育的先驱都提倡一种拙劣的不断演练的教学法，把计算机用在一对一的教学上，由使用者自己控制进度，从而更有效地教授同一堆吓人的知识。现在，多媒体风行一时，又出现了一批闭门造车、笃信练习好处的人，他们自认可以把电子游戏的魔力移植到教育上，以更高的效率向孩子们的头脑里灌输更多的信息。

1970 年 4 月 11 日，派普特在麻省理工学院举办了一个题为“教会孩子思考”的研讨会。他在会上提议把计算机用作发动机，使孩子通过使用计算机而学会教导别人，并从教导别人之中学习。差不多有 15 年的时间，这个极其简单的念头一直在他的脑海中盘旋，但直到个人计算机问世．它才终于付诸实现。今天，当 1/3 的美国家庭都拥有了个人计算机时，它大展身手的时刻才真正来临。

学习中很重要的一部分当然是来自教——但必须有好的教师和好的教学方法，其中一个主要的衡量标准是教育能否引导孩子探索未知、掌握学习的方法，并找到前进的方向。在计算机出现以前，教学手段局限在运用视听设备和通过电视进行远程教学上，这些方式只不过更强化了教师的主动性和学生的被动性。

自己动手做一只青蛙

计算机大大地改变了这种状态。忽然之间，从动手做事中学习变成

	高品质电视
hierarchy	层级
high-fidelity	高保真
hologram	全息摄影，全启
holography	全息术
home page	主页
home video camera	家用摄像机
homogeneous	同类的
host	主机
hue	色调
human factors	人性因素
human-factors engineering	人类工程学
hypermedia	超媒体
hypertext	超文本

I

icon	图标
ID（identifier）	标识符
illustration	插图，图解
industrial design	工业设计
information	信息
information superhighway	信息高速公路
informercial	商业信息片
infrared	红外线

input 输入

integrated circuit 集成电路

intellectual property 知识产权

intelligence 智能

intensity 亮度

interface 界面

interactive 互动的

interactive television 互动式电视

interactive video 互动视频

interlace 交错，隔行扫描

Internet 互联网络

interoperabilitY 互用性

ISDN（Integrated Services Digital Network） 综合服务数字网

J

jack 插座，插孔

jaggies 锯齿状图形

JND（Just Noticeable Difference） 刚刚能够看出来的差异

joystick 操纵杆

K

killer app 招人喜爱的应用程序

Knof，Alfred A. 克诺夫出版社

Knowledge Navigator	《知识领航员》
	L
laptop	膝上型计算机
laser	激光
laser disc	激光影碟
laserdisc player	激光影碟机
laser printer	激光打印机
layout	版面设计
lctter boxing	上下加框
lexical analysis	词法分析
light pen	光笔
link	连接
liquid crystal	液晶
Logo	Logo 教学语言
“loop” network	环状网络
low-bandwidth	窄带
low-orbiting satellite	低轨卫星
	M
Macintosh（Mac）	麦金托什机
mailing list	邮件发送清单
mainframe	主机
manipulation	操作，操纵
mass media	大众传媒
media	媒介，媒体

Media Lab （美国麻省理工学院）媒体实验室

megahertz（MHz） 兆赫

memory 存储器，内存

menu 菜单

message 信息

MICR（Magnetic Ink Character Recognition）
磁墨水字符识别

microprocessor 微处理器

MIDI（Musical Intrument Data Interface）
乐器数字界面

minicomputer 小型机

MIPS（Million Instructions Per Second）
每秒百万条指令

MIS（Management Information System）
管理信息系统

MIT（Massachusettes InStitute of Technology）
（美国）麻省理工学院

modem 调制解调器

modulate 调制

monochrome 单色的

MOO（MUD Object-Oriented）
面向对象的多用户地牢

Morse code 莫尔斯电码

Mosaic Mosaic 浏览程序

mouse 鼠标

movie camera　　电影摄影机

MUD（Multi-User Dungeons）　　多用户地牢

multidimensional　　多维的

multimedia　　多媒体

multimodal interface　　多模式界面

N

narrowcasting　　窄播

NASA（National Aeronautics and Space Administration）　　（美国）国家航空和宇宙航行局

natural language　　自然语言

Net，the　　互联网络

network　　网络

newsgroup　　新闻组

numerical　　数字的，用数字表示的

NTSC（National Television Systems Committee）　　NTSC 制式，全国电视系统委员会制式

O

off-line　　脱机的，离线的

on-line　　联机的，在线的

on-demand information　　随选信息

OA（Office Automation）　　办公自动化

open system　　开放系统

operating system	操作系统
optical fiber	光纤
order of magnitude	数量级
out of print	（书等）绝版的
output	输出

P

packet	信息包
packet-switching	包切换
pager	寻呼机
PAL（Phase Alternating Line）	PAL 制式（逐行倒相制式）
palmtop	掌上型计算机
pan and scan	摇摄及扫描
panorama	全景画，全景摄影
parallax	视差
parallel	并行的
PARC（Palo Alto Research Center）	（施乐公司）帕洛阿尔托研究中心
pay-per-view	按次计费的
PC（Personal Computer）	个人计算机
perception	感知，感觉
peripheral	外围设备
perspectlve	透视
PG-related	（宜在家长指导下观看的）PG 级片
photocell	光电池

photographer	摄影师
photography	摄影术
photon	光子
piracy	盗版
pixel	像素
platform	平台
playstation	游戏站
plug	插头
pointer	指针
polarized lenses	偏光镜片
post	公布，刊载
PowerBook	（苹果公司出产的）强力笔记本电脑
primary colour	原色
prime time	黄金时段
print	印刷品，出版物
printout	打印输出
processing	处理
processor	处理器
program	（计算机）程序，（电视）节目
proprietary system	专用系统
protocol	协议
prototype	样机，原型

Q

quadrant	信号区

R

radio	无线电，无线电广播
raster scan display	光栅扫描显示器
read	读取
real time	实时
recognition	识别
record	唱片
reflection	反射
remote-control unit	遥控器
resolution	分辨率
retrieve	检索
robot	机器人
robot arm	机械手
robotics	机器人技术
ROM（Read-Only Memory）	只读存储器
R-rated	（一定年龄以下的少儿除有家长和监护人陪同外不得观看的）R 级片，
rushes	（电影）工作样片，毛片

S

sampling	取样
saturation	饱和度
scalable	可升级的
scan	扫描

scan line　扫描线
scanner　扫描仪
SECAM（SEquential Couleur Avec Memoire）　SECAM 制式（顺序与存储彩色电视系统）
sensor　传感器
set-top box　置顶盒
shading　明暗
shutter　快门
signal　信号
simulation　模拟
sink　接收器
sketch　草图，素描
sketchpad　画板
slide　幻灯片
smart card　智能卡
software　软件
solution　解决方案
sound track　声轨
source　源，源极
spatial aliasing　空间阶梯
Spatial Data Management System　空间数据管理系统
spectrum　频谱
speech　语音
speech generator　语音发生器

speech recognition	语音识别
speech synthesizer	语音合成器
spreadsheet	电子数据表
staircase effect	楼梯效应
static	静电噪声
“star” network	星状网络
stationary satellite	同步卫星
stereoscopic	有立体感的
stereovision	立体视觉
still	静止画面，静态图片
storage	存储
studio	演播室
subtitle	字幕
Super Panavision	超级全视系统
Super Technirama	超级全景技术系统
surfing	网络冲浪
switch	转换，开关

T

talk show	现场访谈
telecommunication	电信
teleconferencing	电信会议
telex	电传，电传打字机
terminal	终端
text	文本，正文

ThinkPad	思考本（IBM 公司生产的笔记本电脑）
three-dimensions（3-D）	三维
3-D movie	立体电影
time-sharing	分时
toggle switch	拨动开关
topology	拓扑学
touch-sensitive display	触控式显示器
track ball	跟踪球
tracking	跟踪
track pad	跟踪板
transducer	变换器
transformer	变压器
transistor	晶体管
transmission	传输
tuner	调谐器
twisted pair	双绞线
typeface	字体
typography	印刷样式

U

UHF（Ultra High Frequency）	超高频
UPC（Universal Product Code）	通用产品代码
upgrade	升级
user interface	用户界面

V

VCR（Video Cassette Recorder）	录像机
VHF（Very High Frequency）	甚高频
VHS（Video Home System）	家用录像系统
video	图像，录像，视频
video cassette	录像带
video conferencing system	电视会议系统
video dialtone	视频拨号
video disc	影碟
video-enabled computer	能放映录像的计算机
video-on-demand	视频点播
video telephone	可视电话
vision	视觉
visual artist	视觉艺术家
visual arts	视觉艺术
visual cues	视觉线索
voice mail	语音邮件
VR（Virtual Reality）	虚拟现实

W

waveform	波形
wavelength	波长
white light holography	白光全息术
wide-screen	宽银幕
Windows	视窗

Wired	《连线》杂志
wireless communication	无线通信
word	字
workstation	工作站
World Wide Web	环球网

X

X-rated	（青少年禁看的）X 级片

Y

Yellow Pages	电话黄页

索　引

A

B

D

H

J

K

L

M

O

P

Q

T

U

W

X

Y

Z

图书在版编目（CIP）数据

数字化生存 /（美）尼古拉・尼葛洛庞帝（Nicholas Negroponte）著；胡泳，范海燕译. —北京：电子工业出版社，2017.2
书名原文：being digital
ISBN 978-7-121-30736-2

Ⅰ. ①数…　Ⅱ. ①尼…　②胡…　③范…　Ⅲ. ①数字技术—研究
Ⅳ. ①TP391.9

中国版本图书馆 CIP 数据核字（2016）第 316565 号

策划编辑：刘声峰（itsbest@phei.com.cn）
责任编辑：刘声峰　　特约编辑：徐学锋　　文字编辑：彭扶摇
印　　刷：北京盛通印刷股份有限公司
装　　订：北京盛通印刷股份有限公司
出版发行：电子工业出版社
　　　　　北京市海淀区万寿路 173 信箱　邮编 100036
开　　本：720×1 000　1/16　印张：22.75　字数：278 千字
版　　次：2017 年 2 月第 1 版
印　　次：2024 年 12 月第 23 次印刷
定　　价：78.00 元

凡所购买电子工业出版社图书有缺损问题，请向购买书店调换。若书店售缺，请与本社发行部联系，联系及邮购电话：（010）88254888，88258888。

质量投诉请发邮件至 zlts@phei.com.cn，盗版侵权举报请发邮件至 dbqq@phei.com.cn。

本书咨询联系方式：39852583（QQ）。